大匠出而百业隆，百业隆则国运盛。

「大国工匠工作法」丛书

竺士杰工作法

——桥吊操作基本方法与实际应用

竺士杰 著

中国工人出版社

图书在版编目（CIP）数据

竺士杰工作法：桥吊操作基本方法与实际应用/竺士杰著.—北京：
中国工人出版社，2020.4
ISBN 978-7-5008-7377-8

Ⅰ.①竺… Ⅱ.①竺… Ⅲ.①集装箱起重机—操作 Ⅳ.①TH218

中国版本图书馆 CIP 数据核字（2020）第 036159 号

竺士杰工作法——桥吊操作基本方法与实际应用

出 版 人　　王娇萍
责任编辑　　习艳群
责任印制　　栾征宇
出版发行　　中国工人出版社
地　　址　　北京市东城区鼓楼外大街 45 号　邮编：100120
网　　址　　http://www.wp-china.com
电　　话　　（010）62005043（总编室）
　　　　　　（010）62005039（印制管理中心）
　　　　　　（010）62382916（职工教育分社）
发行热线　　（010）62005996　（010）62005042（传真）
经　　销　　各地书店
印　　刷　　北京美图印务有限公司
开　　本　　880 毫米 ×1230 毫米 1/32
印　　张　　4.75
字　　数　　50 千字
版　　次　　2020 年 4 月第 1 版　2020 年 4 月第 1 次印刷
定　　价　　36.00 元

大国工匠工作法丛书 | 编委会

总 序

　　劳动是人类的本质活动,也是人类最伟大的生存行为,更是人类进化的必然手段。但不得不说,并不是所有人都能理解劳动的含义,漠视劳动甚至于歧视劳动的思想及行为在当下仍然十分普遍。这对我国产业工人队伍建设和成长产生了不利的影响,我国产业工人队伍整体素质偏低、结构不合理的现状就是后果之一,制约了我国经济发展的步伐。

　　高素质劳动力的产生和成长需要土壤、温度和环境,"劳动最光荣、劳动最崇高、劳动最伟大、劳动最美丽"的理念以及"尊重劳动、崇尚创造"的观念,应当成为我国走向现代、富强和文明过程中的共识,并且落实到所有和劳动、劳动者有关的社会活动中。

　　中国工人出版社出版《大国工匠工作法》丛书,就是尊重劳动、尊重劳动者、尊重劳动者首创精神的积极举措。阅读这套丛书,相关行业的劳动者能有启发,能记住或许还能直接用上,提升自我的职业技能水平。通过这套丛书的出版,激起各行各业技术工人钻研技术的兴趣,展示产业工人在技术技能创新方面的更多价值,那就是这套丛书出版的最大收获和惊喜，值得为此点赞！

2013年4月28日，习近平总书记在和全国劳动模范座谈时提出：我国工人阶级要增强历史使命感和责任感，立足本职、胸怀全局，自觉把人生理想、家庭幸福融入国家富强、民族复兴的伟业之中，把个人梦与中国梦紧密联系在一起，始终以国家主人翁姿态为坚持和发展中国特色社会主义作出贡献。当代工人不仅要有力量，还要有智慧、有技术，能发明、会创新，以实际行动奏响时代主旋律。

工人是普通劳动者，劳动者的责任和使命不是一句空话，是体现在劳动和劳动成果中的。就劳动而言，现在看也远不是过去意义上的简单劳动。

愚公移山是一个家喻户晓的寓言故事。愚公带领他的子孙每天不停地挖山，要搬走门前的太行、王屋两座大山。最终是愚公的精神感动了天帝，天帝派神仙把山背走了。假设穿越一下，回到没有炸药、没有机械工程的那个年代，愚公的后代大概到现在还在挖山。

这个寓言故事给我们的启迪应当多一层，吃苦耐劳、艰苦奋斗的劳动精神我们绝不能丢，但是劳动的方式、方法和劳动工具更值得我们去研究和运用。换句话说，当今的工人应当具备与岗位工作相适应的职业能力，否则承担责任和使命都是空的。

我以码头装卸生产为例。早的不说，20世纪70年代码头生产已经是机械化操作了，1万吨的矿石船，我们用5台抓斗门机，100多号人三班不停地干，搞大会战，要干1个星期。而现在，3台大型卸船机、皮带运输机一开，用不了24小时，20多个人就能卸完一条装载了20多万吨矿石的巨轮，生产效率几十倍、上百倍地提高。靠什么？靠技术、靠现代化装备。这就是知识、科学技术的力量，不服不行。

读者细心阅读琢磨这套丛书后，会找到不少类似的实例。丛书里记录的都是顶级技术工人从业几十年来的经验体会和智慧结晶，而在背后支撑的就是他们的责任感和使命感。他们能成为大国工匠，靠的不仅是精益求精的工匠精神，更是丰富的知识和过硬的科学技术技能。可以这么说，要做一个合格的、优秀的当代技术工人，不学习不行，不掌握现代劳动技术技能更不行。

当今世界，劳动的观念在更新和重建，内容、方式都在发生变化，所以对劳动者自身能力和素质也有新的更高要求。《大国工匠工作法》丛书将帮助有志于投身中国工业现代化建设的产业工人提升自身职业能力，也期望这套丛书能得到越来越多产业工人的喜爱。

2018年8月7日

序言

　　"竺士杰桥吊操作法"是宁波舟山港首个以职工名字命名的操作法，自2007年创建以来，根据新时代的港口作业需求，已从1.0版本更新至3.0版本。3.0版本在超大型船舶作业、困难船舶作业等方面，有了更精进的研究和更显著的成效。

　　近日，欣闻该操作法的3.0版本将由中国工人出版社出版，供更多产业工人学习、实践，以提升技能水平，可喜可贺。

　　竺士杰是全国劳动模范、全国技术能手、"全国五一劳动奖章"获得者、2019年"大国工匠年度人物"、浙江省桥吊技术比武的"技能状元"。他和团队研发的"竺士杰桥吊操作法"自2007年推出以来，在实践中创新，在创新中成长，不断完善、提升，已为宁波舟山港培养了一大批技能强、业务精的桥吊司机，为穿山港区年集装箱吞吐量突破1000万标准箱打下了坚实的基础。

　　执着创新方能涵养匠心。20多年来，竺士杰一直致力于研究如何提高桥吊作业安全性、提升作业效率、减少机械故障和降低司机疲劳度。竺士杰及其团队用执着、创新和传承的姿态，在平凡的岗位上诠释了精益求精、追求极致的工匠精神，为广大产业工人指明了"劳动光荣、创造伟大"的新时代奋进方向。

弘扬传承需要凝聚匠心。竺士杰是集团特聘的培训导师，他运用"竺士杰桥吊操作法"，为集团培养了一批业务精湛的技术工人。他们传承的不仅仅是操作技能，更是精神力量。我们要大力弘扬工匠精神，始终坚持以职工为中心，让"尊重劳动、尊重知识、尊重人才、尊重创造"的理念在海港蔚然成风，让更多的创新、创效成果在海港落地生根、开花结果。

新时代为技能人才提供了广阔舞台。"创新正当其时，圆梦适得其势"，让我们秉承海港精神，不忘初心、牢记使命，干在实处、走在前列，勇立潮头，坚定迈向建设国际一流强港、实现"强港梦"的新征程！

浙江省海港集团、宁波舟山港集团党委书记、董事长，
宁波舟山港股份有限公司董事长

目录

引　言／1

第一章　　竺士杰桥吊操作法概述／1

　第一节　竺士杰桥吊操作法与传统桥吊

　　　　　操作法的对比／2

　　　一、传统桥吊操作法概述／2

　　　二、竺士杰桥吊操作法的优点／8

　第二节　竺士杰桥吊操作法的形成原理及

　　　　　核心理念／9

　　　一、竺士杰桥吊操作法的形成原理／9

　　　二、竺士杰桥吊操作法的核心理念／10

　第三节　竺士杰桥吊操作法的核心内容／11

　　　一、长距离行走的操作过程／11

　　　二、中长距离行走的操作过程／13

　　　三、短距离行走的操作过程／14

　　　四、桥吊小车运行机构静止不动时的

　　　　　操作过程／14

第二章　竺士杰桥吊操作法的基本方法 / 17

　　第一节　作业前的基本操作方法 / 18

　　　　一、作业前的准备工作 / 18

　　　　二、外围检查 / 18

　　　　三、解除锚定装置 / 19

　　　　四、设备检查 / 19

　　　　五、收、放悬臂的操作要领及注意事项 / 20

　　　　六、操作前的确认检查工作 / 35

　　　　七、其他注意事项 / 35

　　第二节　作业中的基本操作方法 / 39

　　　　一、各作业动作的基本操作要领 / 39

　　　　二、重点安全作业的具体操作要领 / 41

　　第三节　作业后的基本操作方法 / 72

　　　　一、作业完成后的操作程序 / 72

　　　　二、收悬臂时的注意事项 / 73

　　　　三、配合维修工作 / 74

　　第四节　桥吊防风锚定的具体操作方法 / 75

　　　　一、防风锚定的准备工作 / 75

　　　　二、防风锚定的工作程序 / 76

　　　　三、防风拉杆捆扎的具体步骤 / 77

　　　　四、防风锚定的解除 / 83

　　　　五、防风拉杆归位的具体步骤 / 83

第三章　竺士杰桥吊操作法的特殊应用 / 89

第一节　竺士杰桥吊操作法在双起升桥吊中的应用 / 90

一、作业前双吊具上架的对接操作 / 90

二、双吊具作业的具体操作注意事项 / 91

三、双吊具作业结束后，切换为陆侧单吊具

作业模式的操作步骤 / 94

第二节　竺士杰桥吊操作法在新型空箱吊具中的应用 / 97

一、在新型空箱吊具中使用的注意事项 / 97

二、在新型空箱吊具作业中的操作要领 / 98

第三节　竺士杰桥吊操作法在特殊作业中的应用 / 101

一、在特种集装箱作业中的操作要领 / 101

二、当船体发生倾斜时的操作要领 / 102

三、在特殊作业环境下的操作要领 / 104

第四节　竺士杰桥吊操作法在困难船型及小型船舶

作业中的应用 / 106

一、小型船舶的结构特点 / 106

二、在小型船舶舱内作业的操作要领 / 107

三、小型及困难船型开关舱板的操作要领 / 113

第四章　竺士杰桥吊操作法的培训应用 / 117

第一节　桥吊操作规程培训 / 118

一、培训时间 / 118

二、预期目标／118

三、培训内容／119

第二节　桥吊小车稳钩与起升训练／119

一、培训时间／119

二、预期目标／119

三、培训内容／120

第三节　桥吊小车起升联动稳钩训练／120

一、培训时间／120

二、预期目标／120

三、培训内容／120

第四节　单箱模拟训练／121

一、培训时间／121

二、预期目标／121

三、培训内容／121

第五节　双箱模拟训练／121

一、培训时间／121

二、预期目标／122

三、培训内容／122

第六节　四箱模拟训练／122

一、培训时间／122

二、预期目标／122

三、培训内容／123

第七节　考前练习 / 124

　　　　一、培训时间 / 124

　　　　二、预期目标 / 124

　　　　三、培训内容 / 125

第八节　"一对一"跟班作业 / 125

　　　　一、培训时间 / 125

　　　　二、预期目标 / 125

　　　　三、培训内容 / 125

附录　竺士杰桥吊操作法基本操作三字诀 / 127

引言

　　众所周知，桥吊是港口集装箱装卸的关键设备，是港口生产机械中的"巨无霸"，司机要在距离码头面40多米高的司机室内，完成被誉为在高空中"穿针引线"的工作。它的安全生产和作业效率直接影响着整个港区的装卸服务水平。

　　竺士杰现为宁波北仑第三集装箱码头有限公司营运操作部桥吊班大班长。从2006年起吊宁波舟山港第700万个标准箱，到2017年完成全球首个"10亿吨大港"的跨越之吊，他是全球货物吞吐量第一、全球集装箱吞吐量第三的世界级大港宁波港蝶变的重要见证人。

　　20多年来，竺士杰扎根码头生产一线。为提高吊装稳定性、减少机械故障和降低司机疲劳度等问题，他不断总结经验、积极创新和完善提升，形成了自己独特的"稳、准、快"桥吊操作法。

　　2006年，竺士杰在宁波市桥吊技术比武中，凭借自创的桥吊操作法斩获第一名，成为宁波市首席工人。2007年4月

28 日，年仅 28 岁的他从浙江省 1000 多万名职工中脱颖而出，再次凭借自创的这套操作法，获得浙江省十大职工技能状元"金锤奖"。2007 年，宁波舟山港将竺士杰发明的桥吊操作方法命名为"竺士杰桥吊操作法"，并在公司的桥吊、龙门吊等操作岗位中全面推广，有效提升了港口作业效率。2008 年 9 月，"竺士杰桥吊操作法"入选浙江省首批以工人名字命名的先进操作法。凭借竺士杰自创的这套桥吊操作法，宁波舟山港多次创造桥吊单机效率世界纪录，大大提高了装卸效率，使得该港口的桥吊单机效率处于世界领先水平。

自 2007 年竺士杰将他的桥吊操作法汇编成册后，一直受到新老司机们的"追捧"。2013 年，为适应船舶大型化的作业需求，竺士杰结合工作实际，将 2007 年的桥吊操作法汇编版本升级成竺士杰桥吊操作法 2.0 版本。如今，竺士杰和他的团队在此前的基础上，融入桥吊作业日常安全管理理念，运用问题导向的思维，丰富了桥吊稳钩技巧和桥吊作业前、中、后的作业要领，将标准化岗前培训课程进行了完善，把竺士杰桥吊操作法升级到 3.0 版本。另外，3.0 版本中还融入了李伟大型船舶操作法、郑恒亮特殊船型操作法。

此书内容为竺士杰桥吊操作法的 3.0 版本，供桥吊、龙门吊等岗位工人学习和实践。

第一章

竺士杰桥吊操作法概述

第 一 节

竺士杰桥吊操作法与传统桥吊操作法的对比

一、传统桥吊操作法概述

（一）传统桥吊操作法的操作原理

传统桥吊操作法稳钩操作要领的指导思想：在吊具摇摆到幅度最大而尚未向回摇摆的瞬间，把桥吊小车跟向吊具摇摆的方向，在向吊具摇摆的方向跟车时，小车通过钢丝绳传给吊具一个与吊具回摆力方向相反的力，抵消作用于吊具水平方向的力，从而消除摇摆。跟车的距离，应使吊具的重心恰好处于垂直位置。摆幅大，跟车距离就大；摆幅小，跟车距离就小。跟车速度不宜太慢，这样就能使吊具随着起重机平稳地运行。

桥吊四大机构运行电机采用的是 PLC 与变频器电气自动控制的方式。桥吊小车机构驱动电机传动到车轮时，不需要离合器，直接刚性连接传动。桥吊小车在高速运行的情况下，如果手柄回0挡，电机不会断崖式紧急停止，变频器会在4秒内进行线性减速，这样做既可以保证操作司机的舒适性，还可以增加机械设备的使用寿命。

另外，为了保证桥吊司机能准确对箱，桥吊小车速度在2挡以下时，PLC会自动识别，取消线性减速，采用立即制动方式；桥吊小车速度在2挡以上时，才启用线性减速，速度越快，减速距离越长。在作业过程中，如出现按紧急停止按钮等情况，电机立即停止运行，制动器马上制动，桥吊小车紧急停止，不存在高速和低速的区别。所以，当小车速度高于2挡时，正常停止都会不可避免地产生延时制动现象。

根据"跟车速度不宜太慢"的指导思想，传统桥吊操作法稳钩操作使用加速稳钩的操作方法。在应对各种形式的桥吊操作时，传统桥吊操作法在不同的速度下行走时，会产生延时制动的现象，从而导致制动距离不同的情况出现。因此，传统的桥吊操作法无法完全满足桥吊作业精准定位着箱的操作需求。

（二）传统桥吊操作法的主要内容

以桥吊小车稳钩操作为例。以加速稳钩具体操作方法为例：桥吊小车运行5个挡位，5挡为最高速度，1挡为最低速度，0挡为停止。

大挡位多数以5挡起步，然后吊具跟着加速移动，操作时根据移动距离的不同会出现下列 3 种情况：

1. 长距离的桥吊小车行走过程。传统桥吊操作有两种模式，相对较好的一种是起步直接推 5 挡前进，在桥吊小车的牵引下，吊具在行进过程中会出现如图 1-1 所示的 A、B、C、D 的一个钟摆周期。如果要在定位前的一段距离处使吊具呈现图 1-1 中 E 的状态，操作手法是从 5 挡直接减至 0 挡，利用小车的延时制动减速行走来配合吊具的回摆，在吊具回摆到与桥吊小车接近垂直状态时，再以频繁小挡位瞬动加速调整来稳钩对位，实现图 1-1 中 F 所呈现的稳定状态。

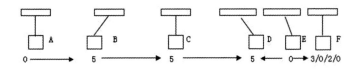

图 1-1

长距离行走加速稳钩操作方法示意图

2. 中长距离的桥吊小车行走过程。桥吊小车加速移动 5 挡起步，当桥吊小车加速推至 5 挡，吊具移动速度随之接近 5 挡速度时，就会出现图 1-2 中 B 的状态。桥吊小车做减速操作，由于惯性与牵引力的作用，吊具与桥吊小车之间出现钟摆，形成大摆角，此时就会出现图 1-2 中 D 的状态。接着进行第二次大挡位推挡，实现桥吊小车高速瞬动，追赶吊具进行稳钩操作，最终实现图 1-2 中 E 所呈现的桥吊小车与吊具的稳定状态。

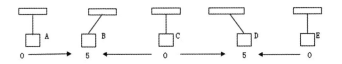

图 1-2
加速稳钩操作大幅度钟摆原理示意图

  分析图 1-2 的稳钩操作，是从 5 挡推回至 0 挡，利用桥吊小车的延时制动下的行走来实现稳钩。能实现这种动作是由于桥吊小车在加速追赶吊具的同时做减速操作，利用了桥吊小车与吊具之间的速度差距形成较大幅度的钟摆现象。此时这个稳钩过程是通过二次加速、二次减速完成的，稳钩定位是利用桥吊小车的延时制动行走来完成的。这一段延时制动行走过程的行进距离与速度，是桥吊设备本身所设定的。也就是说，在这个过程中，桥吊司机对桥吊小车的行进速度与行走距离是无法精确控制的。

  3. 利用延时制动减速行走。在定位前的一段距离处，吊具的状态是图 1-3 中 B 的状态，操作手法是从 5 挡直接减至 0 挡，利用延时制动减速行走。此时，吊具的状态就会出现钟摆到图 1-3 中 D 的状态，然后推一个高挡瞬动加速追赶吊具进行稳钩，出现图 1-3 中 E 的状态后，再频繁推小挡位瞬动加速操作进行稳钩，实现图 1-3 中 F 的稳定状态。

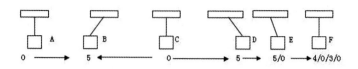

图 1-3
大幅度钟摆加速稳钩操作示意图

综上所述，传统桥吊操作法使用 5 挡起步，吊具跟着加速移动，再根据吊具的摆动幅度和速度，选择桥吊小车的行走距离、速度以及启动时机。分别采用的稳钩操作动作有大挡位推挡、二次加速和二次减速，利用桥吊小车延时制动减速行走进行稳钩；频繁在小挡位高速瞬动追赶吊具进行稳钩；抛掉手柄快速回 0 挡操作，利用桥吊小车延时制动减速行走等方法来追赶吊具进行稳钩。以上方法都是单一的采用加速稳钩的操作思维来进行的稳钩操作。

（三） 传统桥吊操作法的缺陷

传统的桥吊操作法中存在以下几种缺陷：

1. 对高效率认知的缺陷。桥吊司机普遍认为大钟摆形成大抛物线操作，就是高效率的一种表现形式。实际上，桥吊小车与吊具出现大钟摆现象，是通过桥吊小车在加速过程中抛掉手柄、利用延时制动减速操作来实现的，这种操作没有做到线性持续加速。因此，桥吊小车运行没有达到最高效率。

2. 精确率不高的缺陷。在定点对位上，由于稳钩动作是通过桥吊小车延时制动减速行走来完成的，延时制动行走的距离与速度是由设备本身的设置决定的，不受桥吊司机精确控制，所以在对位的精确性上存在缺陷。即使是一名老桥吊司机在更换机型或操作不熟悉的桥吊的情况下，都需要较长时间的适应，才能顺利操作。对于一些初学者来说，对桥吊小车稳钩操作中的推挡时机、行走速度、行走距离这三个要素的适时匹配性操作更加难以掌握。

3. 命中率不高的缺陷。由于稳钩的精确率不高，吊具在进行稳定着箱、舱内进夹槽等操作时，都需要采用下降抢挡捕捉时机来完成对位、着箱。由于频繁采用下降抢挡捕捉时机的操作，命中率下降，反复着箱次数增多，会导致作业效率下降。

4. 桥吊易损伤的缺陷。由于稳钩的精确率不高，操作就容易形成抢挡着箱的习惯。操作中，抢挡操作频繁，导致吊具碰撞、振动概率加大，吊具上的电子设备和机械设备的故障也会增多。

5. 桥吊司机易疲劳的缺陷。进行稳钩时，由于频繁大幅度的加速、减速操作，速度落差较大，在操作过程中司机室晃动较大，就会直接影响到桥吊司机操作时的坐姿，同时命中率的降低也会导致重复多余动作，增加了桥吊司机的疲劳程度。

二、 竺士杰桥吊操作法的优点

与传统桥吊操作法相比较，竺士杰桥吊操作法在"稳、准、快"的核心理念引导下，具有以下几种优点：

1. 提高了作业效率。竺士杰桥吊操作法简洁明了，操作流畅、平稳，提高了着箱命中率，轻松实现高效率操作。

2. 降低了作业能耗。由于着箱命中率提高，作业中重复多余操作动作的数量大幅减少，在提高了作业效率的同时，也使吊箱作业单位平均能耗下降。

3. 减轻了桥吊司机的疲劳程度。桥吊驾驶室在船舶和码头之间的前后移动全靠挡位控制，传统的桥吊操作手法动作幅度比较大，给人的感觉如同驾驶汽车时的紧急刹车，司机室抖动较为厉害，会加强桥吊司机的疲劳程度。运用竺士杰桥吊操作法进行操作时，挡位过渡幅度小、速度衔接流畅，司机室的晃动比较小，操作时的坐姿较轻松，桥吊司机长时间操作的疲劳程度也有所下降。

4. 降低了桥吊故障率。竺士杰桥吊操作法通过减少手柄回 0 挡的次数来实现稳钩效果，减少抢挡操作的同时，实现了平稳着箱，减少了吊具的碰撞及振动现象，提高了设备运行的平稳性，从而降低了桥吊的故障率。

5. 提高了操作的规范性。竺士杰桥吊操作法有精确的挡位操作概念，能清晰地表达操作要领及注意事项，其操作的规范性使培训导师容易讲解，受训者容易领会，应用时容易对照。

第 二 节

竺士杰桥吊操作法的形成原理及核心理念

一、 竺士杰桥吊操作法的形成原理

竺士杰桥吊操作法的核心内容是利用钟摆原理，对桥吊小车行走过程中吊具摆动规律的研究以及稳钩（也可称"稳关"）手法的运用。钟摆原理的核心是当钟摆到达顶点后，会向垂直点回摆。利用钟摆运动的这一规律，吊具以钟摆状到达顶点后，开始向垂直点回摆的同时，必须操作桥吊小车开始减速，减速速度与吊具回摆速度相吻合，直至回摆至相当于钟摆垂直点的位置后，停止桥吊小车运行，达到稳定吊具的目的。

桥吊小车平台通过起升钢丝绳与吊具连接，将垂直的力转变为垂直力加横向的牵引力，吊具会跟着桥吊小车平台向前移动。由于吊具相对于桥吊小车平台来说，是跟随状态，所以吊具的起步速度是滞后于桥吊小车平台的。由于吊具有自重与惯性，当桥吊小车平台的移动速度达到相对恒定后，吊具的行进速度在一定时间内会和小车平台存在速度差，吊

具会跟随移动，形成晃动现象。这就是吊具出现前后摆动、形成钟摆状的根本原因。

做稳钩动作的目的是让桥吊小车平台与吊具的移动速度及移动距离相吻合，从而使桥吊小车平台与吊具钢丝绳的夹角成为垂直角。在操作过程中，要使吊具和集装箱在空中保持垂直不晃动，关键是要精准控制桥吊小车的移动速度与移动距离，使其在相同的时间段里与吊具的位移距离与位移速度相吻合。

要做到这两点，就必须要掌握桥吊小车平台的行走时机、运行速度、行走距离、同向跟进这四个要素。这四个要素的状态图如图 1-4 所示。

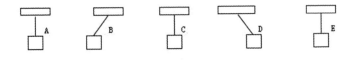

图 1-4
钟摆原理行进中摆动规律示意图

二、竺士杰桥吊操作法的核心理念

竺士杰桥吊操作法注重"人机合一"的状态，兼顾安全性与效率性，其核心理念是在作业中实现"稳、准、快"。稳即速度平稳流畅、操作安全平稳。准即挡位控制准确、定点对位准确、进销命中准确。快即减少重复动作、作业速度快、效率高。

第三节

竺士杰桥吊操作法的核心内容

作业中的桥吊小车需要行走不同的距离，因此需采用不同的稳钩手法。稳钩的关键是精确把握加减挡操作的时机。操作中推挡挡位高、速度快，吊具回摆向垂直点的速度也会很快，回挡减速的时间需要相应地缩短。因此，桥吊小车的移动速度越快，在做减速稳钩时，回挡的节奏也必须相应地加快。

一、 长距离行走的操作过程

1. 长距离行走，采用减速稳钩的方法。在作业中，桥吊小车在行走过程中形成自然钟摆现象，在稳定摆角的同时，实现桥吊小车位移。当摆角出现回摆时，桥吊小车开始进行匹配减速稳钩，同时实现吊具的移动对位，如图 1-5 所示。

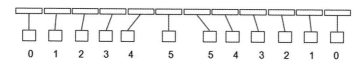

0　1　2　3　4　　5　　5　4　3　2　1　0

图 1-5
钟摆原理减速稳钩示意图

2. 如果当实际的行走距离比当前选择挡位行走所出现的摆角而产生的位移距离长时，就必须根据实际需要，选择下一个摆角循环所需要的挡位行走。如图1-6所示，在第一个摆角到达减速3挡的位置时，不再继续匹配减速，而是继续推3挡行走，从而出现了3挡行走的摆角，使桥吊小车平台移动速度从高速过渡到低速，从高挡的大摆角过渡到低挡的小摆角，做减速稳钩。将大摆角与小摆角叠加，从高速过渡到低速，并走完实际需要走的距离，同时实现稳钩的目的。

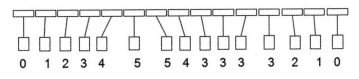

图1-6
长距离行走时，钟摆叠加减速稳钩示意图

3. 当起吊30吨以上重箱或进行钢丝吊装大件等操作，且需要长距离地行走时，应采取桥吊小车与吊具同步行进的操作方法。桥吊小车运行机构先推2挡起步，吊具就会跟随加速。当吊具的移动速度即将达到2挡时，将桥吊小车首先推至3挡，其次推至4挡，最后逐步加速到5挡。

由于加速平稳，桥吊小车与吊具在5挡速度下，基本保持垂直同步行走状态。需要稳钩对位时，桥吊小车减至4挡后，吊具就会被抛出去。当抛到顶点后，吊具会回摆向垂直点，然后可以根据吊具回向垂直点的速度进行配合减速，从4挡→3挡→2挡→1挡，直至垂直点，回归0挡。

吊具相对桥吊小车完全垂直时，将桥吊小车停止移动来实现稳钩，具体操作方法如图1-7所示。钢丝吊装大件以及桥吊大车长距离行走时的稳钩操作亦可采用此方法，具体挡位速度应根据实际情况选择较低挡位操作。

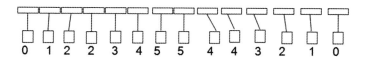

图1-7
钟摆原理同步行进减速稳钩示意图

二、 中长距离行走的操作过程

中长距离行走的操作过程通常有以下两种方法：

1. 可以参照长距离行走时，5挡的推挡步骤进行操作。根据不同的移动距离来选择做4挡的循环或3挡的循环。

2. 可采用加速稳钩与减速稳钩相结合的操作方法。具体操作步骤：选择4挡起步后，回挡至3挡，在吊具高速经过垂直点的瞬间，将挡位推至4挡，使桥吊小车与吊具保持同步行走的状态，在到达目标位前，采用减速稳钩的方法完成稳钩与对位操作，如图1-8所示。

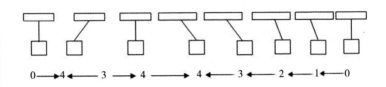

0 →4 ← 3 → 4 → 4 ← 3 ← 2 ← 1 ←0

图 1-8
中长距离行走时，加速与减速相结合的稳钩示意图

三、 短距离行走的操作过程

短距离行走使用加速与减速相结合的稳钩方法，可以选择推 2 挡减 1 挡，等吊具抛出去后再推 2 挡追上，减 1 挡保持垂直后回 0 挡。2 档以内的桥吊小车不会出现延时制动行走的状态，可以精确控制桥吊小车的行走速度。其具体操作方法如图 1-9 所示。

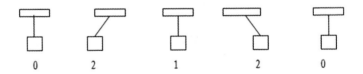

0   2   1   2   0

图 1-9
短距离行走时，加速与减速相结合的稳钩示意图

四、 桥吊小车运行机构静止不动时的操作过程

当桥吊小车运行机构静止不动时，吊具会出现钟摆式运动，此时可采用加速稳钩方法，即当吊具出现 2 挡行走速度的摆角时的稳钩方法，钟摆式运动如图 1-10 所示。

在这样的状态下进行稳钩的方法：当吊具摆动到 C 位时，将桥吊小车运行机构加速位移到 C 点，同时将桥吊小车停止运行来实现稳钩。在实际操作中，由于桥吊小车从 0 挡提速到 2 挡，有个加速过程，所以做稳钩操作时，

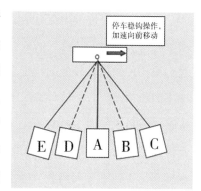

图 1-10
钟摆原理加速稳钩示意图

当吊具摆动到 B 点，桥吊小车就应该起步追赶吊具，这样才能在吊具到达 C 点前，使桥吊小车能追赶上吊具，到达 C 点时能及时制动。由于桥吊小车处于 2 挡行走状态，所以不会有制动延时行走的状况，这样桥吊小车就能及时停止运行，与吊具保持垂直，从而实现稳钩。

从以上使用 2 挡速度可以稳定吊具、实现停车稳钩的效果中，我们可以分析得出，要想做好稳钩操作，首先需要观察吊具摆动的幅度和速度，由此来确定如何做稳钩操作以及桥吊小车移动的行走距离和行走速度。但是，司机在操作中必须考虑，起重机运行机构本身设定的加速度及达到一定速度后，会出现延时制动行走的现象。因此，要注意稳定住如图 1-10 所示的呈钟摆式运动的摆动状态。

　　要考虑规避桥吊小车高速运行下，制动会出现较长距离的延时制动行走的情况。因此，只能选用不超过 2 挡的速度进行操作，以相对较低的行走速度来控制高速度和大幅度摆动下的稳钩操作。在这种情况下，要适当提前启动桥吊小车来追赶吊具，如图 1-10 所示，将启动点提前到 A 点，在极端情况下启动点可以提前至 D 点（D 点启动谨慎使用，只有瞬动加速 2 挡速度大幅低于吊具摆动速度时才可使用）。以提前启动桥吊小车来弥补行走速度不够的问题，从而达到与高速摆动的吊具速度相吻合，使得桥吊小车有足够的时间行走足够的距离，能与吊具同时到达 C 点，并及时停车制动。

　　由此可以总结得出，为了克服桥吊小车瞬动加速速度过高产生延时制动行走的问题，当在稳钩操作中桥吊小车的瞬动加速速度低于吊具的晃动速度时，要想完成如图 1-10 所示的停车稳钩操作，就必须提前启动小车来追赶吊具。反之，则可以适当延缓启动小车，选择 A—C 点区间的 B 点，并且可以适当地降低小车瞬动加速速度。

　　因此，在操作中，桥吊司机必须根据吊具的摆动速度和摆动幅度，来综合考虑设备的瞬动加速速度以及制动延时行走的问题，合理选择行走时机、运行速度、行走距离、同向跟进四个要素来做好停车稳钩操作。

第二章 —— 竺士杰桥吊操作法的基本方法

第一节

作业前的基本操作方法

一、 作业前的准备工作

1. 作业前，工班长、副工班长组织开好工前 5 分钟会议，桥吊司机根据工作安排各自做好开工前准备，严格按照交接班规定做好交接工作或开工前的各项规定工作。

2. 桥吊司机上码头前必须戴好安全帽，穿好带有反光条的工作服和劳动保护鞋，并且随身佩带工作证和登轮证。

二、 外围检查

1. 检查作业周围环境，排除轨道上及轨道两侧黄色警示线内影响桥吊大车行走的障碍物。

2. 检查防风拉杆是否固定，拉杆距离地面的高度是否安全。

3. 巡视桥吊整机外观是否有明显缺陷，如变形、松脱、漏油等。

三、 解除锚定装置

1. 外围检查结束后，桥吊司机须将桥吊大车防风铁鞋取出，并认真检查确认所有防风铁鞋已经取出安放至指定位置。

2. 提起海、陆两侧锚定板，在锚定板插销孔上插上锚定销，锚定板海、陆两侧各 2 个、共 4 根。插上锚定销后，要确认全部插到位。

四、 设备检查

（一） 桥吊司机进入司机室前的注意事项

1. 指挥交班司机下放吊具至码头安全区域进行巡检。

2. 检查吊具导板是否变形；导板液压油泵是否漏油；齿轮箱是否开裂；吊具上架栏杆、滑轮罩有无变形。检查过程中合理选择安全站位，防止导板落下伤人。

（二） 桥吊司机进入司机室后的注意事项

1. 检查操作室各种仪器、仪表、通信设备是否完好。

2. 确认着箱、开闭锁、双箱、单箱指示灯是否完好。

3. 检查钢丝绳、滑轮的磨损情况；司机室悬挂电缆是否整齐；小车的托架及拖令装置是否异常。

（三） 巡机人员的责任事项

开工前，巡机司机与作业司机同时上码头，巡机司机对责任桥吊进行巡机检查工作。桥吊的铁鞋解除、防风拉杆的固定和离地高度、4根锚定销是否插到位，都由巡机司机负责确认。

五、 收、 放悬臂的操作要领及注意事项

（一） 放下悬臂前的注意事项

开工作业前，须将桥吊悬臂放下至水平位置，放下悬臂前应注意：

1. 司机必须先将桥吊大车移动至作业贝位（Bay）处，再放下悬臂。

2. 司机必须在确认靠泊船舶已经系紧所有缆绳后再放下悬臂。

（二） 收、 放悬臂模式的选择

1. 收、放悬臂时，应首先确认选择开关置于自动模式还是手动模式。收、放悬臂原则上使用自动模式，如自动模式失效，可以切换到手动模式进行操作。

2. 收、放悬臂动作完成后，必须将手动模式切换至自动模式。

（三） 手动放悬臂的操作步骤

1. 桥吊司机上4楼，经过机房查看悬臂钢丝绳卷筒是否处于整齐有序卷取状态，连接悬臂钢丝绳是否处于自然松弛状态，如图2-1、图2-2所示。

图2-1
悬臂钢丝绳卷筒

图2-2
连接悬臂钢丝绳

2. 放下悬臂前，确定俯仰按钮工况，选择手动放下悬臂。合上主控电源，控制合灯亮、俯仰准备灯亮，如图 2-3、图 2-4所示。

3. 按俯仰上升按钮，俯仰收起至上极限位置停止。俯仰上升灯灭、吊钩进销灯灭。如图2-5、图2-6所示。

4. 将安全钩切换至释放状态（安全钩抬起），安全钩锁定灯灭、

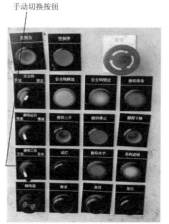

图2-3
手动切换按钮

控制合　　　　　俯仰准备

图 2-4

控制合、俯仰准备灯亮

俯仰上升

图2-5

俯仰上升灯

俯仰上升　　　吊钩进销

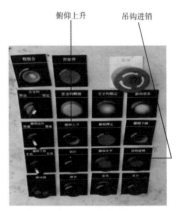

图2-6

俯仰上升灯灭、吊钩进销灯灭

安全钩释放灯亮，按俯仰下降按钮，如图 2-7、图 2-8 所示。

安全钩（释放、锁定）

图 2-7
挂钩切换至释放

安全钩释放　　　安全钩锁定

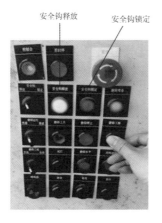

图 2-8
安全钩锁定灯灭、安全钩释放灯亮，
按俯仰下降按钮

5. 悬臂缓慢离开安全钩区域，开始加速下降，下降至70度角左右。安全钩切换至锁定状态，将安全钩放下，指示灯亮起，如图2-9、图2-10所示。

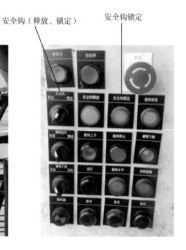

图2-9
目测悬臂下放至70度角左右

图2-10
安全钩锁定，将安全钩放下，
指示灯亮起

6. 目测安全钩放下，悬臂全速下放，直至水平状态，如图2-11、图2-12所示。

7. 观察悬臂两侧四根吊杆的受力情况，并确认牵引钢丝绳处于松弛、微微下坠状态。此时，悬臂俯仰水平灯亮起，如图2-13、图2-14所示。

8. 关闭电源。回到司机室抬头确认俯仰角度为00.00，俯仰水平灯亮，如图2-15、图2-16所示。

安全钩

图2-11
目测安全钩放下

图2-12
悬臂全速下放，直至水平状态

吊杆　　钢丝绳

图2-13
四根吊杆受力，钢丝绳松弛

俯仰水平

图2-14
悬臂俯仰水平灯亮

图2-15
关闭电源

图2-16
确认俯仰角度为00.00

（四）手动收悬臂操作步骤

1. 收悬臂前，将吊具起升高度停至28米，如图2-17所示。

28.0米

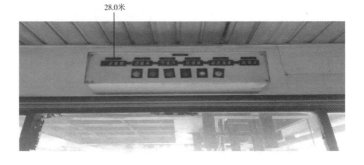

图2-17
吊具起升高度停至28米

2. 小车退回至通道位，小车箱位指示灯亮起，并确认小车通道已对正，如图2-18、图2-19所示。

小车箱位

图 2-18
小车箱位指示灯亮起

图 2-19
确认小车通道对正

3. 司机走到悬臂操作室前，首先确认悬臂上无人员或物品等，并确认悬臂通道门关闭，如图 2-20、图 2-21 所示。

图 2-20
确认悬臂上无人员或物品

图 2-21
确认悬臂通道门关闭

4. 按试灯按钮检查确认所有指示灯完好并亮起后，合上主控电源，如图2-22、图2-23所示。

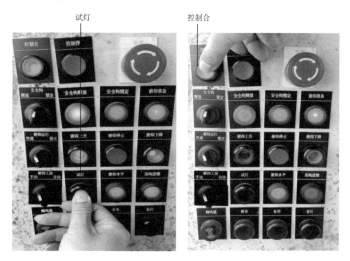

图2-22
按试灯按钮检查

图2-23
合上主控电源

5. 按俯仰上升按钮，按钮灯亮起。悬臂开始上升，桥吊司机目测跟踪悬臂吊杆顺利进入导槽内，如图2-24、图2-25所示。

6. 桥吊司机全程关注悬臂吊杆进入导向槽，如图2-26、图2-27所示。如遇大风天气必须密切关注，当吊杆偏出时，立即按下紧急停止按钮，停止悬臂上升。

7. 悬臂上升至80度角左右，将安全钩按钮切换至释放状态，安全钩释放（安全钩抬起）指示灯亮，如图2-28、图2-29所示。

俯仰上升

图2-24
按俯仰上升按钮

图2-25
目测跟踪悬臂吊杆顺利进入导槽内

图2-26
悬臂吊杆进入导向槽过程1

图2-27
悬臂吊杆进入导向槽过程2

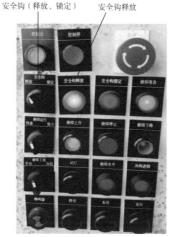

图2-28
悬臂上升至80度角左右

图2-29
安全钩切换至释放位置，安全
钩释放指示灯亮

8. 悬臂继续上升，目测安全钩抬起，悬臂上升至上极限位置，如图 2-30、图 2-31 所示。

9. 悬臂上升至极限位置后停止，俯仰上升指示灯熄灭，如图 2-32、图 2-33 所示。

10. 安全钩切换至锁定状态（安全钩放下），安全钩锁定指示灯亮起后，按俯仰下降按钮，如图 2-34、图 2-35 所示。

11. 俯仰下降指示灯亮，直到吊钩进销，吊钩进销指示灯亮起，俯仰下降灯灭，如图 2-36、图 2-37 所示。

图2-30
目测安全钩抬起

图2-31
悬臂上升至上极限位置

图2-32
悬臂上升至极限位置后停止

俯仰上升

图2-33
俯仰上升指示灯熄灭

安全钩（释放、锁定）　安全钩锁定　　　　　　　俯仰下降

图2-34
安全钩换至锁定位置，安全钩
锁定指示灯亮起

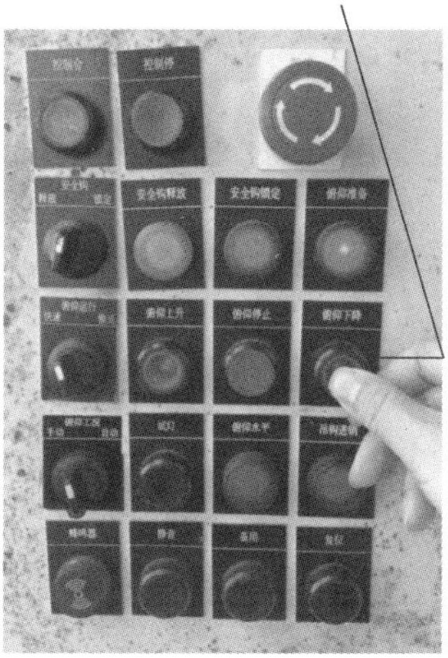

图2-35
按俯仰下降按钮

俯仰下降　　　　　　　　俯仰下降　　　　吊钩进销

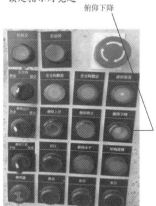

图2-36
俯仰下降指示灯亮

图2-37
吊钩进销指示灯亮，俯仰下降指示灯灭

12. 关闭主控电源。完成收悬臂，下机经过机房，确认钢丝绳整齐有序排列，如图2-38、图2-39所示。

控制停

图2-38
关闭主控电源

图2-39
确认钢丝绳整齐有序排列

（五）收、放悬臂时的注意事项

收、放悬臂操作为桥吊操作中的重大危险源之一，操作不当极易引发桥吊坍塌、倒伏等重大安全事故。因此，在收、放悬臂的操作过程中，务必确认每一个动作环节，不可盲目地想当然操作。

重点注意环节如下：

1. 先进行灯测试，确保各指示灯正常。

2. 检查滚筒钢丝绳排列是否整齐、有无跳槽。

3. 在收、放悬臂操作过程中，务必时刻关注悬臂拉杆入槽状况，特别是在风速大于 13.8 米/秒的天气状况下，操作更应格外谨慎。

4. 悬臂放平后，桥吊司机应对悬臂状况进行确认：俯仰水平指示灯亮起；悬臂钢丝绳处于松弛的自然下垂状态。

5. 悬臂收起后，桥吊司机应对悬臂挂钩锁定状态进行确认，同时确认悬臂钢丝绳处于松弛的自然下垂状态。

六、 操作前的确认检查工作

1. 桥吊司机作业前试运行桥吊，确认桥吊小车、桥吊大车、吊具能正常工作，各减速、停止限位工作正常，并感受是否有异声、异响或异常振动，确认桥吊设备可安全作业。

2. 作业司机开工前，必须确认指挥手到位监护，与指挥手沟通确认作业环境。

七、 其他注意事项

（一） 无指挥手监护的桥吊大车长距离行走时的注意事项

1. 桥吊司机必须在码头面的桥吊大车操作站进行桥吊大车行走操作。

2. 桥吊大车行走前，桥吊司机应对地面进行全方位观察，行走时要进行瞭望，同时观察桥吊大车电缆卷盘的运行情况。

3. 必须观察设备与船舶、相邻机械的距离是否安全，确认是否在允许范围内行走，谨防与船舶及相邻机械相碰撞。

（二） 维修人员正在维修设备时的注意事项

1. 上机时如发现设备挂有警示标志，桥吊司机应及时与维修人员联系，不得擅自动机。

2. 如发现维修人员疏忽，未挂维修牌，应及时通知相关部门进行挂牌。

3. 桥吊司机上机时，如果发现电梯在第 4 层停留但未挂牌时，必须到机房、电气房确认是否有维修人员正在进行修理。

4. 当设备在进行维护时，桥吊司机要通过对讲系统与维修人员随时保持联系。配合动机时，须确认维修人员的开动指令后方可操作。

5. 维修结束，桥吊司机须确认维修人员全部离开设备后方可操作。动机前，必须通过机上扩音器呼叫 3 次，再启动桥吊电源。

（三） 作业前的心态调整

桥吊司机在作业前要调整好心态，保证在平和的心态下进行操作，避免出现下列 7 种心态或现象：

1. 急躁型操作心态：通常，新桥吊司机在操作过程中如遇到外界作业环境的干扰，会把握不好操作心态，出现急躁现象。例如：困难作业多次对位着箱不准时；指挥手在指挥期间语气急躁对操作司机产生干扰时；作业任务重、箱量多、集装箱卡车在码头面排队拥堵时。面对以上几种情况，新桥吊司机在操作时容易打破原有的操作节奏，盲目推大挡位操作，出现危险操作动作。

2. 自满型操作心态：有些1年及1年以上的熟练桥吊司机认为自己的操作水平已达到较好程度，不遵守操作规程，习惯性违章，安全意识淡薄。

3. 野蛮型操作心态：有些桥吊司机的操作习惯不好，操作时声响大，对桥吊运行速度掌控得不够细腻，不注重精确稳钩，习惯在起升、下降时进行抢挡、高挡操作。

4. 紧张型操作心态：一些独立上岗不久的新桥吊司机如果面临操作时师傅不在身边的情况，其操作时的注意力就会高度集中于某一点，无法顾及周围作业环境，无暇与指挥手进行有效沟通，导致操作期间经常顾此失彼、错误不断。

5. 粗心大意型操作心态：有些桥吊司机比较粗心，在操作中一味追求操作效率，未做好引关慢、就位慢（以下简称"两头慢"），不进行有效的安全确认，盲目操作，在操作期间忘记收起导板，对作业关路下的最高点不进行高度确认，盲目动车，导致发生事故。

6. 情绪波动型操作心态：有些桥吊司机将生活中的不愉

快或者太兴奋的心态带入操作中，导致作业时注意力不集中。

7. 疲劳驾驶的操作现象：有些桥吊司机在上班前未休息好，在上班时尤其是夜间操作时，精神状态差，常处于半梦半醒状态，给操作带来极大的安全隐患。

（四） 桥吊司机交接班时的注意事项

1. 班车到港后，桥吊司机应马上到桥吊候工室更换工作服及拿取劳动保护用品，到桥吊候工室等待派工。

2. 工班长（副班长）主持工前5分钟会议，组织安全学习，根据当班派工单的指令，分派工作任务，并进行安全、船舶作业环境、规章制度、桥吊工况等提醒。会后，同交接班司机一起乘坐交接班车，上码头巡查交接班工作及码头上各项安全工作。

3. 桥吊交接班所有当班司机都必须上码头参与交接或巡机工作。

4. 接班司机和巡机司机根据各自的工作任务，乘坐码头交接班车到码头指定桥吊下。巡机司机根据当班排班情况，落实好责任桥吊的巡查任务。接班司机监护桥吊吊具下放，巡查吊具。巡机司机协助做好吊具巡查工作。

5. 巡机司机负责做好责任桥吊的巡查工作。例如，检查桥吊锚定销、司机有无上机牌、桥吊铁鞋是否摆放正确、桥吊防风拉杆是否正确到位等常规安全设施的正常情况。

6. 交班司机在接班司机未到桥吊下监护时，不得擅自停止作业，如有特殊情况需请示。

7. 交班司机交班前，根据作业情况，在接班司机的监护下，选择安全的位置，将吊具切换至 20 英尺，把吊具下放至离地面 30 厘米处停顿，切断控制电源。

8. 接班司机巡机完毕后，到桥吊司机室与交班司机进行面对面交接。交接班司机应对当班作业的设备运行情况、作业情况、船舶作业环境及作业中涉及安全生产等事项与接班司机进行交接。

9. 接班司机交接班时，如发现设备有碰撞的痕迹、异响、异味或漏油等异常情况，应第一时间向桥吊工班长报告，如需修理，同时向值班长报告。

10. 交班时遇到换机作业的交班司机，应根据值班长、控制员的指令和工班长的安排，做好移机换位工作。

第二节

作业中的基本操作方法

一、 各作业动作的基本操作要领

1. 开始作业前，系好安全带。

2. 合上主控电源后，司机不得随便离机。

3. 认真操作，思想集中，保持从容、平和的心态进行作业。确认旋锁开闭锁指示灯状态，眼神追随吊架箱位，余光瞭望，起升平稳，下降轻准，做到"两头慢"。

4. 机械运行中如发生异常情况，应立即停机并报告工班长桥吊号及故障内容，待工程部查明原因后抢修处理故障。待工程部确认设备可安全作业，桥吊司机报告工班长后，方可作业。如工程部抢修，只排除安全隐患，未能完全修复故障，需报工班长，做好故障修复跟进记录。

5. 坚持"八不吊"：没有指挥手或指挥信号不明不吊；关不正、不牢不吊（带箱、个别锁未开到位）；超负荷不吊；关下有人不吊；视线不清不吊；情况不明不吊；设备故障存在安全隐患不吊（如开、闭锁故障；小车投光灯3盏或整机50%的灯光不亮；吊具电缆力矩不够，与起升不同步；起升跳电1小时内连续3次；吊具倾斜角度大于3度且不能调整时）；天气状况存在安全隐患时不吊（如大雾天气能见度低于50米、风速超过22米/秒）。

6. 作业中，桥吊司机一律不可使用各种限位进行停车操作。

7. 在乘坐电梯过程中，如电梯发生故障，停在半空，应立即拍紧急停止按钮，并及时向工班长汇报，不得擅自攀爬，以免发生意外。在风速超过20米/秒时，不得乘坐电梯。进、出电梯后必须及时关门。

8. 采用 12 小时工作制，桥吊司机之间必须做好作业时间段的轮流操作交接工作，每位桥吊司机持续作业时间不得超过 6 个小时、总作业时间不得超过 9 个小时。

9. 遇台风或季节性大风后，必须经工程部检查确认后再进行恒速试车。

10. 作业中严禁在对讲机中闲谈，做与工作无关的事（打电话、玩手机或戴耳机听音乐）。

二、 重点安全作业的具体操作要领

1. 作业过程中，桥吊司机必须关注并清楚指挥手的站位及监护情况，及时纠正指挥手不正确的站位。如发现指挥手不在作业可视位或无法联系，应立即停止操作，向有关管理人员汇报。

2. 在箱顶开锁时，桥吊司机需确认捆扎工是否正确使用防坠器或保险带，如发现其使用不规范，应督促其规范使用。

3. 在舱面作业时，如第一层集装箱有锁头滑落，必须让开关路，待装卸工重新上锁。装卸工严禁在两层及以上的集装箱上拆装锁头，应在码头指挥手的监护下在码头面重新上锁，然后再装箱。进行双箱装船时，将集装箱从集装箱卡车上引关起吊 30 厘米后停顿，分开中锁，严禁在桥吊小车关路行走过程中移动中锁位置，避免中锁钩绊在高空掉落。

4. 装海、陆两侧第一列、第二列集装箱时，督促指挥手严格按逐层加固、解捆进行装卸作业。特殊情况下，必须在指挥手的指令下进行装卸作业，严格执行"两头慢"的操作规定。舱面装、卸海侧第一列、第二列作业时，必须实行逐层装、卸箱作业，舱面里、外档二位置不准嵌档作业。上岗一年内的新桥吊司机在舱面卸船时，必须实行逐层卸箱的原则，严禁阶梯状卸箱操作。

5. 在舱面作业中，如遇作业贝位关路，里档一单列超过3层以上箱子，必须将箱子降至3层以下，其余降层作业必须向控制中心提出申请。装船作业舱面单列装时，最高不能超过3层，如图2-40所示。

图2-40
降至3层以下

6. 桥吊重载时，在海侧横梁上方或码头面舱板上方等关，严禁在车道上和陆侧横梁上方等关。桥吊空载时，在车道上等关，不得低于10米。桥吊重载时，桥吊小车不得回通道进行交接班工作。

7. 舱内安全作业要领：吊具进出夹槽口，做好"两头慢"，必须确认夹槽周围物体和夹槽是否有破损现象，并督促指挥手确认夹槽完好情况。每一列的第一吊、夹槽破损或船体倾斜时的吊装作业，吊具在槽导轨内运行都不可全速起升和下降，必须进行试探性操作。双箱装船时的被吊箱体部分进入夹槽内，吊具未完全进入夹槽时，必须分开中锁直至箱子两端顶住夹槽壁。当吊装集装箱在夹槽内运行时，桥吊司机必须时刻关注箱体在夹槽内的平衡状态，适时调整吊具平衡，避免发生卡槽事故，如图2-41、图2-42所示。

图2-41
每一列的第一吊作业前需进行试探性操作

图 2-42
调整吊具平衡，避免发生卡槽事故

8. 盲位装、卸船安全作业要领：桥吊司机必须在起吊前确认盲位起吊的箱形及作业环境。确认的方法如下：

（1）盲位箱舱内作业时，有条件的应先卸盲位箱相邻的箱子，作业时提前观察盲位箱箱型及作业环境。无法先卸盲位箱相邻的箱子时，也要将桥吊小车往前推，观察箱型及作业位置。

（2）起吊盲位箱前，必须确认指挥手到位监护，吊具进入夹槽口前，务必与指挥手充分沟通，在指挥手的口令引导下完成盲位箱的进出夹槽口、着箱、引关，控制速度，躲避舱内一系列的钩绊点，直至平稳起吊出舱口，如图 2-43 所示。

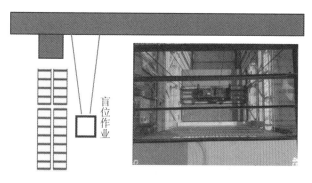

图 2-43
盲位箱舱内作业时，有条件的应先卸与盲位箱相邻的箱子

9. 遇到冷冻箱、液罐箱、危险品箱、框架箱等特种箱作业时，必须做到引关停顿，就位确认。作业时轻放，同时做到稳、准，不准嵌档作业。非持证及未经过专业培训的桥吊司机严禁进行危险品箱作业。参见图 2-44、图 2-45。

图2-44
特种箱作业不准嵌档

图2-45
起重机械操作工国家职业资格证书

10. 做好"两头慢"引关确认安全的操作要领：

（1）观察箱与箱之间是否有正常间距，钢丝绳与箱顶平面是否处于垂直状态，如图 2-46 所示。

图 2-46
钢丝绳与箱顶平面处于垂直状态

（2）观察吨位显示数据是否是正常吨位。

（3）感受钢丝绳绷紧程度和司机室下沉状态。

（4）观察吊具与箱、箱与邻箱的平行度、倾斜度。

（5）引关起吊 30 厘米后停顿，点动桥吊小车，观察吊起的箱子随桥吊小车移动方向自由摆动，确保无钩带现象后，方可正常起吊，如图 2-47 所示。

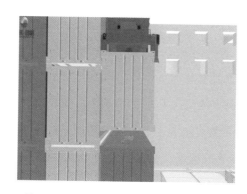

图 2-47
引关起吊30厘米后停顿

（6）当装卸工在码头面的集装箱卡车上拆、装锁销期间，切不可盲目起吊或下放集装箱，也不可重复吊装集装箱。

11. 拆除相邻两桥吊大车防撞限位，统一听从现场指导员指令，桥吊司机、桥吊工班长在限位拆除作业期间要跟踪关注限位拆除、恢复及拆除作业中的相关情况，并做好相应的交接班工作。

12. 装、卸船作业时，为确保作业安全、有序地进行，舱盖板、装销子的集装箱在装卸及码头面摆放时，要严格按规定执行。

13.20英尺双吊箱子或销子箱需在码头面摆放，吊具中锁必须分开，两箱必须分开30厘米以上，在码头面第6车道内摆放，或听从码头现场指导员安排，根据作业需要在恰当处摆放。

14. 起吊舱盖板时，必须使用 20 英尺吊点。在舱盖板没有 20 英尺吊点的情况下，才可使用 40 英尺吊点起吊舱板。

15. 吊装集装箱卡车上的集装箱时，如遇到集装箱的锁销难装或难拆的情况，必须听从地面人员指挥，不可盲目动作。

16. 当吊具发生碰撞现象后，吊具必须移至码头面安全位置试车，检查吊具是否完好，防止高空坠落。

17. 如碰到集装箱卡车拖吊具现象，司机应鸣号警示，切忌盲目动作，同时用对讲机通知理货员及地面指挥，制止集装箱卡车继续行进。

18. 遇到海、陆侧有舱壁的箱子时，在起升动作前，应做好避让，点动桥吊小车，防止舱壁或箱子的凹凸部钩碰吊具。

19. 更换吊具时，必须切断吊具控制电源开关，切换至吊钩挡。在工程部的指挥下，慢速将吊具上架与吊具分离，平稳、准确地将上架移动至更换的吊具，完成连接。待工程部连接好吊具电源后，听从指挥，切换至吊具挡，合上吊具控制电源。慢速引关起吊至距离地面 10 米以上，听从指挥，对吊具导板、伸缩、双箱切换等功能进行试运行，确认完好后方可作业。

20. 收放导板作业规定：

（1）当吊具离箱顶或箱子离集装箱卡车平板 2 米以上时，方能收放导板。

（2）禁止在船上收放导板，特殊情况必须注意观察相邻两贝（Bay）之间的集装箱间距及吊具与船上设施的间距。

21. 老鹰锁作业操作规定：

（1）老鹰锁卸船里、外档一时，桥吊司机必须督促指挥手落实逐层卸箱操作。

（2）老鹰锁双吊卸船时，必须引关起吊 20 厘米内，移动中锁来确认锁销脱钩。

（3）双箱太重、老鹰锁脱离箱孔困难时，切不可盲目起吊。如条件允许，可以采用单箱卸船。单箱卸船时，老鹰锁一侧倾转适度调低，便于脱钩，避免钩带。

22. 吊具带人作业规定：

（1）吊具带人，一次限带两人。

（2）提醒装卸工系好安全带并注意安全。

（3）进行引关的动作。

（4）禁止抛物线运行。

（5）桥吊的起升速度不能超过最高起升速度的 50%。

（6）要做到起升平稳，下降轻放（吊具不能接触箱顶）

或吊具靠住箱体，然后再让装卸工人上、下。

（7）注意关路及层高。

23．双箱吊具作业规定：

（1）使用双箱吊具前，必须把吊具起升至可视位置，吊具在单箱与双箱变换过程中，禁止其他动作，待双箱切换完毕后，确认双箱指示灯亮起。目测确认陆侧的两个中锁是否伸缩到位，然后通知指挥手确认海侧的两个中锁是否伸缩到位，完全确认后方可进行作业。

（2）使用单箱或双箱吊具前，必须根据当前的作业情况，确定是进行40英尺集装箱作业，还是进行两只20英尺集装箱作业，禁止出现40英尺吊具（没有放下中锁）起吊两只20英尺集装箱、处于双箱状态起吊40英尺集装箱的情况，避免重大机损、箱损事故的发生。

（3）在舱面进行双箱作业时，司机必须慢速起吊，做好引关动作。指挥手必须确认两只20英尺集装箱之间是否解锁到位，目视当关起吊情况，发现钩箱时及时喊停。

（4）使用双箱或单箱吊具前，桥吊司机除了确认驾驶台开闭锁、着箱指示灯情况外，还要目视吊具，确认吊具与箱体接触面是否有异常情况。起升要慢速，确认吊具完全离箱体后才可加速。

（5）进行双箱舱内装船作业，当被吊箱体部分进入夹槽内、吊具未完全进入夹槽时，必须分开中锁至箱子两端顶住夹槽壁。

（6）舱内卸船作业实行逐层卸船作业，严禁单列垂直下挖操作，人为制造盲位起吊的作业环境。

（7）遇到舱内单、双箱混装的情况，原则上必须卸完所有的40英尺集装箱后，才能进行双箱20英尺集装箱的卸船作业。40英尺、20英尺双吊时，在混装箱装卸作业区间，司机要随时与指挥手、理货员保持联系，起吊前确认起吊箱子的箱型，避免用40英尺吊具吊20英尺双箱。

24. 卸船面图作业规定：

（1）卸船开工作业前，桥吊司机必须观看卸船面图，对相关作业贝位的双箱积载位置进行标注并签名确认，并将标注好的面图带到司机室，便于作业过程中实时查看。遇到交接班时，将面图交接给接班司机。

（2）作业中桥吊换船或桥吊司机翻机要进行卸船作业时，开工前应主动联系工班长，落实面图。

25. 解捆箱使用规定及作业流程：

（1）船舶开工前，现场控制员根据实际情况，落实好相关的桥吊司机、指挥手、龙门吊或堆高机司机、集装箱卡车工班长，适当提前将解捆箱拉到码头等候作业，并由桥吊卸到码头上。

（2）集装箱解捆时，应使用 20 英尺解捆箱，对 40 英尺集装箱解捆作业时，用 2 只 20 英尺解捆箱解捆，且必须都在解捆箱内进行解捆作业。特殊情况下，可以用一个 20 英尺解捆箱对 40 英尺集装箱进行解捆作业，此时应将解捆箱置于集装箱的中间。当解捆人员到解捆箱外作业时，必须确保安全带与解捆箱上的保险绳安全连接。

（3）每次使用前解捆箱，必须由该路值班队长或使用人负责检查，如发现问题，应向现场指导员汇报处理，确认安全后，解捆箱乘员（副指挥手和码头指挥手）随身带对讲机、解捆杆进入箱内，关闭栏杆门，插好门闩销，系好安全带，并由副指挥手负责与操作司机联系或指挥。

（4）在解捆箱移动、摆放或捆扎人员指挥桥吊时，两名捆扎工的站位必须正确，应站在解捆箱内的指定位置，并处于桥吊司机可视范围内。

（5）解捆箱在吊装过程中，起升速度应低于 3 挡，桥吊小车速度缓稳，严禁吊具做抛物线操作。在摆放解捆箱时，应轻吊、轻放，作业过程中不得将解捆箱置于海侧和陆侧的临边位置。

（6）在解锁过程中，桥吊司机应密切关注解捆人员的动态，严格服从解捆箱内指挥人员的指挥，起吊前应先鸣笛且确认。

（7）解捆人员在进入解捆箱内至解捆箱作业结束的过程中，必须全程系好安全带。解捆箱实施解锁时，必须2人一组（副指挥手、码头指挥手），允许同时对2层箱子进行解锁。解锁务必仔细，且须遵循由里档向外档解锁的原则。当解锁作业完毕后，桥吊司机在起吊里、外档第一只箱子时，指挥手要明确告诉桥吊司机解锁情况。当起吊至30厘米左右时，桥吊司机必须用对讲机与指挥手进行确认（指挥手对东、西两边进行确认并通知桥吊司机后，桥吊司机方可起吊）。

（8）一个贝位解完后，解捆箱可暂放于码头第6车道，至作业完毕，由现场指导员安排集装箱卡车司机拉回指定场地摆放。

26. 超限箱专用吊具使用规定：

（1）作业前，码头指导员提前安排人员将吊架或钢丝绳运到码头作业吊机下方，暂不使用时，可放于第6车道或不妨碍作业的地方。

（2）超限箱吊架作业，必须指定经过培训的熟练桥吊司机作业；钢丝绳作业必须指定独立上岗1年以上的熟练桥吊司机作业；大件货物吊架作业必须指定独立上岗3年以上的熟练桥吊司机作业。特殊或困难作业应指派当班人员中技术好、工作经验丰富的人员作业。

（3）起吊前，指挥手必须与桥吊司机的对讲机保持通信通畅，以便及时联络。

（4）桥吊司机在吊具与超限箱吊架连接时，必须由该路值班队长或指挥手指挥，在框架内起吊着箱，移位要做到慢、稳、准、轻。吊具与吊架连接完毕后，待值班队长或指挥手确认吊架上的连接钩已稳定、牢固连接后，方可慢速引关至加速起升。

（5）吊具与吊架连接完毕后，起吊超限箱着箱时，必须要稳、准、轻，不盲目着箱。特别要注意有篷布的超限箱，避免弄破篷布及与大件货物碰撞等情况发生。

（6）在超限箱起吊时，要做到引关确认，在离地面20~50厘米处停顿，得到指挥手确认后再起吊。

（7）在超限箱起吊过程中，桥吊小车横移和起升时要慢速。严禁使用抛物线联动操作，做到垂直上下门框式作业。

（8）超限箱吊装完毕后，吊架放回到框架内时，下降速度要慢，做好稳钩动作，对准框架摆放（脱钩摆放次序按照工程部制定的操作步骤执行），避免吊架与框架立柱碰撞。

（9）吊架落位后，吊具与吊架脱钩后起升慢速引关，确认安全脱钩后方可加速起升。

（10）超限箱专用吊具可以正常随吊具伸缩，可对20英尺、40英尺集装箱进行作业。当装卸45英尺集装箱时，必须通知工程部将吊架导套上中间两个挡块拆下，吊架才允许跟随吊具伸至 45 英尺。

27. 操作中用钢丝绳装、卸物件的作业规定：

除了正常的集装箱装卸作业外，还存在各类用钢丝绳吊装的作业，包括吊装大件货物、超限箱、变形箱、横箱、舱板等。为了确保作业的安全，特明确桥吊司机的操作要领及职责如下：

（1）凡用钢丝绳吊装的特种集装箱作业，要求有 1 年以上操作经验的桥吊司机操作。大件货物必须指定独立上岗 3 年以上的熟练桥吊司机作业。

（2）起吊前，首先确认船上和地面的指挥手分别是谁，与船上和地面指挥手的对讲机必须保持畅通有效。服从指挥手指令，并对指令进行重复确认后方可起吊。

（3）起吊时，吊具吊钩切换开关必须切换至吊钩挡。

（4）吊具下方有人时，必须切断主控电源。

（5）必须密切注意物件周围人员的站位及活动情况，对存在的不安全因素应及时向指挥手报告。如发现地面任何人员的停止信号或异常叫喊声，应立即停止操作。

（6）使用钢丝绳时，旋锁必须由捆扎工固定到位，指挥手得到确认后，方可指挥起吊，钢丝绳与箱顶平面的夹角应不小于 60 度。作业时，必须垂直起吊，不准斜吊或拖吊。

（7）起升要平稳、慢速，垂直引关起吊后，向指挥手确认起升高度。当大件货物或超限箱上升到可以通过横梁的高度，并确保可以越过关路最高点时，桥吊小车才可慢速平稳移动，此时采用减速稳钩操作，不得进行联动或抛物线作业。在下降过程中，必须做到稳钩慢速下降，不可频繁点动下降（频繁挡位归 0）操作。

（8）钢丝绳装卸作业中，桥吊司机要与指挥手保持联络畅通。当起吊命令下达后，桥吊司机须确认捆扎工是否都已离开起吊的集装箱，起吊时须和现场指挥人员再次确认刚才下达的起吊命令，桥吊起升 25～30 厘米时，必须停顿，与指挥人员再次确认旋锁是否到位、吊点是否正确，等确认完毕后再缓慢平稳上升。

（9）放到目标位置后，不要急于松开吊架或钢丝绳，等确认完毕后再起升吊具。用钢丝绳吊装的集装箱要等作业人员解掉钢丝绳离开、指挥人员确认完毕后再起升。

28. 行走桥吊大车的作业规定：

（1）在船舶靠泊、离泊让机期间，桥吊司机应按照工班长的指令，做好让机工作。在无指挥手监护的情况下进行桥吊大车长距离行走时，桥吊司机必须在码头面的桥吊大车操作站进行桥吊大车操作。行走前，必须确认楼梯口有无维修牌，严禁使用异物卡住行走操作按钮。

（2）在装卸船作业前行走桥吊大车，司机必须通知码头指挥手要行走桥吊大车，得到码头指挥手确认回复"可以行走大车"后，方可行走桥吊大车。

（3）作业中行走桥吊大车时（对位、点动大车除外），桥吊司机必须把桥吊小车移至后横梁可视位置（桥吊小车位置必须在后横梁后），全方位观察地面状况和机械是否会与船上设施碰擦。同时呼叫码头指挥手、船上指挥手，得到码头指挥手最终确认"可以行走大车"的指令后，方可行走桥吊大车。

（4）当桥吊大车相邻位置靠近移动大车时，桥吊大车行走挡位严禁高于2挡。桥吊大车行走时要观察大车周围动态，随时注意桥吊大车行走时电缆卷筒是否工作正常。发现异常、异声（机械的特殊声音和人的呼叫声）、电缆卷盘停止转动时，及时停止行走，确认安全。

（5）桥吊大车过生活舱时，桥吊司机要确认悬臂高度与生活舱的最高点的高度。如不能通过或不能确定高度，则需收起悬臂。如可以通过，通过前须通知码头指挥手及船上指挥手，待码头指挥手、船上指挥手监护到位，得到码头指挥手回复"可以行走大车"的指令后，方可行走大车。

（6）当行走桥吊大车需要配合修理时，应提前1小时通知主修人。行走大车时，要求维修人员在大车行走时做好设备安全的监护工作。同时，做好大车行走的各项安全监护工作。

29. 作业中的吊具等关作业规定：

（1）桥吊重载时，不得在车道上等关，空载时在车道上等关不得低于 10 米。

（2）桥吊重载时，必须在海侧横梁上方等关，高度不得超过 16 米，不得进行现场交接。

30. 舱盖板的起吊、摆放规定：

（1）起吊舱盖板时，桥吊司机必须通知码头指挥手、船上指挥手进行监护，做到关路上无人、无车辆。提醒船上指挥手检查舱盖板固定拉杆、固定锁是否完全开启、舱盖板上是否有未固定的杂物堆放（如锁销、捆扎杆等）。

（2）桥吊司机在起吊舱盖板时，应听从指挥手指挥，做好引关动作。舱盖板在导轨内运行时，应慢速起升、下降，防止与船上设施相撞。

（3）在进行打开舱盖板将其放置在码头的操作时，桥吊小车吊着舱板行进到后大梁上方时，做减速稳钩动作，基本稳住晃动，然后再以低速挡行进至安放舱盖板的指定地点上空。禁止利用后大梁极限减速停止限位，进行停车稳钩动作。

（4）桥吊司机放置舱盖板时，应听从码头指挥手指挥，行至后横梁时，要注意灯塔的位置，舱盖板下放以黄线为基准，上下、左右一一对齐，确保舱盖板与舱盖板之间正确啮合、平整。如果发生舱盖板超宽或影响作业等特殊情况，摆放舱盖板时，桥吊司机必须通知现场控制员进行摆放位置确定。

（5）进行舱盖板下放码头操作时，起升高度不要盲目过高，以免阻挡视线。关舱盖板时，如出现码头舱盖板位置同船上位置不符的情况，应先在码头上方对准位置后，再将舱盖板吊至船上。

31. 作业中吊具进出夹槽的作业规定：

（1）桥吊司机在作业前，必须督促指挥手仔细观察，检查夹槽导轨的完好情况，检查夹槽导轨周围是否有其他物体，认真检查夹槽导轨是否有破裂现象。

（2）吊具进出夹槽口时，必须用低速挡。

（3）在作业过程中，时刻关注船体平衡的变化情况，及时调整吊具倾转角度，防止卡槽现象的发生。

（4）作业前充分掌握高、低槽的分布情况，要特别注意相邻舱板列，低槽在舱板下，高槽在海侧的作业位置。通常这样的作业位是盲位，务必与指挥手充分沟通，掌握夹槽口的作业环境后，慢速操作，确保靠住海侧高槽后，平稳缓慢下降吊具再滑入夹槽内，如图 2-48 所示。

图 2-48

低槽在舱板下，高槽在海侧的作业位置

32. 作业中防坠器的使用规范：

（1）箱顶开锁作业中的防坠器是捆扎人员在不能使用开锁箱，但又必须到箱顶作业的情况下使用的。在日常生产作业中，能用开锁箱的时候，必须使用开锁箱。

（2）桥吊司机通过吊架携带捆扎人员上 8 层高箱顶作业时，吊具应在海侧或陆侧第一列箱顶着箱，并确保吊具平稳。在解捆过程中，听到指挥手移动吊具的指令时，要确认指令后再做移动。

（3）司机要严格按照指挥人员的指挥信号进行操作，严格执行安全确认，不得擅自动机，不得做联动操作（抛物线轨迹）及紧急制动。吊架起升或下降要做到平稳、慢速，严禁大幅度变速及快速起升，严格做到起升慢、就位慢。关下有人时，严禁起升或移动吊架。

（4）司机要密切注意箱顶装卸人员及吊架内监护人员的情况，对不安全因素要及时提醒或制止。听到任何人发出紧急信号，应迅速判明情况，采取应急措施。

33. 突发性季风作业的注意事项：

（1）当风速达到 17.2 米/秒（8 级）以上、22 米/秒以下时，应慢速起吊或下降，并注意吊具电缆的情况和吊具的摆动幅度；当出现 17.2 米/秒（8 级）以上顺风时，不得高速行走桥吊大车，当风速大于 20 米/秒时，严禁行走桥吊大车。

（2）在作业时，如顺风或逆风方向行驶时出现大风吹动机械或倒走的现象，必须立即按紧急停止按钮，并通知指挥手塞铁鞋等，采取应急措施。

（3）在大风天气作业时，未接到控制中心停止作业的通知前，如果码头实际风速达到 22 米/秒以上，必须停止作业，给桥吊穿上铁鞋。必须马上报控制中心，提出停止作业的要求，紧急情况下可先停止作业，后报控制中心。

34. 雷雨大风天气下作业的注意事项：

（1）当遇到雷雨大风天气时，必须听从值班经理的统一指挥，必要时停止所有桥吊作业。

（2）停止作业的桥吊能回锚定位置的都回到锚定位置。如确实不能回锚定位置，则必须塞好、塞紧所有铁鞋，切断主控电源。

（3）船舶生活区上方高于桥吊悬臂的，在条件或时间允许的范围内，参与船舶生活区旁作业的桥吊必须收起悬臂。无法收起悬臂的，应避让至离生活区一定的安全距离，避免出现船舶移动造成生活区上方设施与桥吊悬臂相撞事故。

35. 舱板开启与关闭安全作业的注意事项：

（1）原则上应该根据作业进度，做到舱板即开即关，不可提前全部开启舱板摆放于码头上。由于潮汐和船体载荷变化，长时间作业船舶的移动幅度大。如果那时集中关闭舱板，会出现位置偏离，影响作业效率，带来安全隐患。

（2）应该做到装完舱内箱子后，立即关闭舱板，避免长时间摆放在码头。

（3）小型船舶开、关舱板时，舱内作业的相邻贝位舱板不可开启，并给指挥手提供安全的指挥站位。

36. 标准集装箱专用船舶的装、卸船作业流程：

（1）舱面作业流程。

① 舱面安全顺畅装船顺序：从海侧往陆侧依次逐层装箱，也可依次呈阶梯状装箱，如图2-49所示（注：图2-49至图2-57左侧为陆侧，右侧为海侧）。阶梯状逐层递减式装箱如图2-50所示。海、陆两侧舱板上同时发箱时，要确保陆侧装箱层高不高于海侧装箱层高，如图2-51所示。

图2-49
舱面装载示意图

图2-50
舱面阶梯状装箱示意图

图2-51
舱面装载海陆两侧阶梯状装箱示意图

②舱面不安全装船顺序：在装箱过程中，影响安全和作业效率的情况包括海、陆两侧同时发箱，若陆侧装箱层高高于海侧装箱层高，易人为制造翻越层高作业，严重影响作业效率，极易发生翻坠箱事故，如图2-52、图2-53所示。

图2-52

舱面不安全装载示意图1

图2-53

舱面不安全装载示意图2

卸船作业，当里档一单列高于3层以上时，要进行倒箱降层操作，降至3层以下，如图2-54所示。不可临边单列凸起装箱，如图2-55所示。

图2-54

舱面卸船须降层操作示意图

图2-55

临边单列凸起错误装船示意图

集装箱装载高于两侧排架 2 层箱以上时，不可嵌档作业，如图 2-56 所示。里、外档二不可嵌档作业，如图 2-57 所示。

图2-56

高层装箱不可嵌档装箱示意图

图2-57

临边箱不可嵌档装箱示意图

当装到整船最后一个贝位时，两侧排架与箱子位置挨得很近，在排架内的箱要逐层或阶梯状两层依次装箱，避免由于船舶移动或船头上翘使得高层箱位置与排架内的低层箱位置产生偏差后，司机装箱时擦碰排架栏杆。图 2-58 所示为装船顺序正确的示意图，图 2-59 所示为装船顺序错误的示意图。

舱面装箱时，如图 2-60 所示，由于是装在舱板边上与船舷立柱上，装箱对锁孔时，极易出现锁头滑落的问题，重新上锁费时费力。建议先装外档二，再装外档一，可以靠着外档二装，如图 2-61 所示，装箱准确率可大幅提高。

但是，18000TEU 部分船型的里、外档一临边箱与里、

图2-58

装船顺序正确示意图

图2-59

装船顺序错误示意图

锁头易滑落

图2-60

临边装船顺序错误示意图

先装　　　　　后装

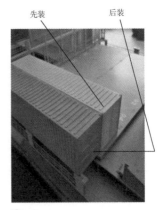

图2-61

临边装船顺序正确示意图

外档二中间有 30 厘米左右的缝隙，如图 2-62 箭头所示。因此，必须先装外档一，否则就会造成盲位装箱现象，有较大安全风险。

船头部位舱面 01 贝、03 贝 20 英尺集装箱与 02 贝 40 英尺集装箱混装作业的安全作业顺序，如图 2-63 所示。应该先装 02 贝 40 英

图 2-62
18000TEU 以上船型临边箱位示意图

图 2-63
船头舱面装船顺序示意图 1

尺集装箱，再装 03 贝 20 英尺集装箱。由于桥吊大车刚从 02 贝移至 03 贝，第一箱应该先装里档一，待对准大车位置后，再装外档一。避免 03 贝第一吊装外档一，从而造成盲位作

业，因为盲位对位不准，可能会压坏过道栏杆。

在里、外档单列双箱与 40 英尺集装箱混装的情况下，外档一双箱先装 3 层高后，把所有 40 英尺装完，再装剩下的里、外档双箱，如图 2-64 所示。

图 2-64
船头舱面装船顺序示意图 2

（2）舱内安全顺畅装船顺序。

需要用 20 英尺集装箱填补箱位的舱内结构图，如图 2-65 所示（注：图 2-65 至图 2-71，上端为海侧视角，下端为陆侧视角）。

船舶船头舱位结构通常需要 20 英尺集装箱填补箱位，如图 2-66、图 2-67 所示。

为了确保司机有良好的作业视线，通常是从最底下中间列位开始装，从底部向里、外档依次装箱，如图 2-68、图 2-69 所示。

图 2-65

20 英尺集装箱填补箱位的舱内结构图

图 2-66

船头仓位舱内结构图1

图2-67
船头仓位舱内结构图2

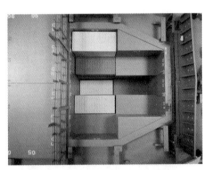

图2-68
舱内装船顺序示意图1

图2-69
舱内装船顺序示意图2

（3）舱内装船顺序问题。

在桥吊作业中，进行盲位作业非常困难，因此盲位相邻列不可提前装箱。这样会留下盲位最底下一层箱子，不仅造成桥吊盲位，指挥手的视线也同样会被阻挡，非常危险，如图2-70所示。

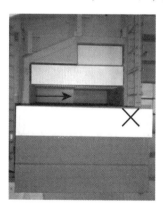

图2-70
舱内装船阻挡视线示意图1

舱内 20 英尺双箱与 40 英尺箱混装时，通常会出现控制策划员先把 40 英尺箱子发上来装船，留下几吊 20 英尺双箱的情况。这类装箱要避免出现图 2-71 中人为制造的盲位"挖井"状态。

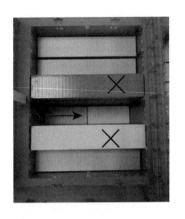

图2-71
舱内装船阻挡视线示意图2

第 三 节

作业后的基本操作方法

一、 作业完成后的操作程序

1. 作业完毕，吊具上升至 28 米，并缩到 20 英尺，桥吊小车回到通道位置。

2. 必须先收起悬臂，再行走桥吊大车，回到锚定位置。

3. 桥吊大车行走到锚定位置后，确认夹轨器、夹轮器、顶轨器动作，放下锚定板，塞好防风铁鞋（指挥手协助做好，司机下机后做好检查确认），切断主控电源。

4. 如果作业完毕后无须交接班，必须切断桥吊电源（用钥匙开关），关掉空调，打扫好司机室，做好桥吊大车防风工作。

5. 严格执行交接班制度。做好清洁卫生工作，离开司机室前关好门窗。

二、 收悬臂时的注意事项

1. 收悬臂前，应先进行纵横倾按钮归零操作，然后确认悬臂上有无人员或杂物，试按几个按钮，观察指示灯是否正常。作业结束后，原则上先收悬臂，再回锚定位置。当涉及安全生产时，可以先移桥吊大车，后收悬臂，但必须指定监护人在桥吊大车移动过程中进行监护。

2. 收悬臂时，桥吊司机禁止离开悬臂操作室，必须观察悬臂吊杆与槽的啮合情况，如发现异常，拍紧急停止按钮停止收悬臂。立即下放悬臂，待复位后重新啮合悬臂吊杆，再次收起悬臂。收悬臂的全过程必须听运行声音是否正常，观察悬臂挂钩工作是否正常，并准确挂钩，如有异常及时报修。

3. 收起悬臂后，必须目测确认悬臂挂钩情况或悬臂水平情况，同时确认相应指示灯是否正常，确认安全后，关闭主控电源。桥吊司机下机前，必须检查确认机房卷筒钢丝绳正常卷取排列以及小车通道是否错位 20 厘米以上。如果错位 20 厘米以上，必须报修，当班修复，不可将故障遗留至下一班。

4. 禁止在吊具正在吊箱的状态下或在船舶生活舱上空进行收、放悬臂操作。

三、 配合维修工作

1. 上机时如发现设备挂有维修标牌，桥吊司机应及时与维修人员联系，不得擅自动机。

2. 桥吊维修前，桥吊司机必须在司机室等待，待主修负责人到司机室沟通维修项目和维修注意事项，收到主修人员签名的维修单后，才可配合维修。维修过程中，对讲机是桥吊司机与主修人之间的唯一沟通设备。配合动机时，桥吊司机必须回复维修人员的动机口令，得到确认后才可操作。无对讲机联系确认动机指令时，桥吊司机必须拒绝配合动机操作。

3. 遇到机械、电气同时维修时，必须确认一名总监护人作为主修人。桥吊司机只听从主修人的动机指令，如其他人发出停止指令，桥吊司机必须停机确认。

4. 每一次配合动机操作结束时，应及时切断主控电源。如必须合上主控电源进行维修，桥吊司机听到主修人的指令并复述指令后，才可以动机。动机结束后，双手离开操作手柄，避免错误动作造成事故。在配合维修的过程中，桥吊司机必须密切关注维修人员的站位及动向，对存在的不安全因素应立即劝止。如果有人发出停止信号，维修活动应立即停止。

5. 当维修结束时，桥吊司机须通过对讲机向主修人确认维修结束，维修人员全部离开设备。动机前，必须通过机上扩音器呼叫 3 次，再启动桥吊电源。

第四节

桥吊防风锚定的具体操作方法

一、 防风锚定的准备工作

1. 根据公司防台风、抗台风的防风锚定工作程序指令和生产安排，组织人员将全部桥吊有序放回到指定桥吊锚定位。

2. 准备好桥吊防风锚定所需的工具：2 米长的麻绳、棘轮扳手、24 寸开口扳手、撬棍，如图 2-72、图 2-73、图 2-74所示。

图2-72

2米长的麻绳

图2-73

棘轮扳手及24寸开口扳手

图2-74

撬棍

3. 对人员进行分组，成立防风拉杆抱扣解除小队和防风拉杆捆扎小队。

二、 防风锚定的工作程序

1. 桥吊回到指定桥吊锚定位后，防风拉杆抱扣解除小队成员负责解开全部桥吊的防风拉杆抱扣，如图 2-75 所示。

图 2-75
旋开防风拉杆抱扣螺丝

2. 防风拉杆抱扣解除小队成员将单吊具桥吊吊具起升至上停止位（双吊具桥吊吊具起升高度与平时停机操作相同）；协助工程部完成对桥吊小车的锚定工作；确认司机室门窗关闭。

3. 防风拉杆捆扎小队从码头东、西两侧对每台桥吊的防风拉杆进行捆扎作业。每台桥吊的海、陆两侧分别有 2 组 4 根防风拉杆，每台桥吊有 8 根防风拉杆。

4. 防风拉杆抱扣解除小队成员检查确认桥吊防风设施全部到位，在防风责任书上签名确认已检查落实责任书上要求的各项防风工作。

三、 防风拉杆捆扎的具体步骤

1. 两人一组合作，将锚定坑的盖板掀开，摆放在锚定坑一侧的码头面上，如图 2-76 所示。

图 2-76
掀开盖板

2. 将 U 型销从防风拉杆上取下，插回至锚定销架子上，如图 2-77 所示。

图 2-77
将 U 型销插回锚定销架子上

3. 将麻绳穿过锚定板的绳索拉孔，做好拉起锚定板的准备工作，如图 2-78 所示。

图 2-78
将麻绳穿过锚定板的绳索拉孔

4. 调整防风拉杆开口，与锚定板对齐，手动调整防风拉
杆，将锚定销的 U 型销扣调整至内侧，为锚定销锁定做好准
备，如图 2-79 所示。

图 2-79
调整防风拉杆开口位置

5. 调整好锚定板与防风拉杆的位置，两人合力搬起锚定板，如图 2-80 所示。

图 2-80
两人合力搬起锚定板

6. 将锚定板与防风拉杆相互扣住，如图 2-81 所示。

图 2-81
将锚定板与防风拉杆相互扣住

7. 转动防风拉杆，上下两端螺纹同时伸长，如图 2-82 所示。

8. 上下两端螺纹同时伸长至锚定销孔完全对齐后，将锚定销从架子上取下。锚定销很重，应双手提取，注意安全，如图 2-83 所示。

图2-82
转动防风拉杆

图2-83
锚定销孔完全对齐

9. 双手端平锚定销，准确对位后，插入锚定销孔，如图 2-84、图 2-85 所示。

10. 锚定销完全插到位后，从锚定销架上取下 U 型销，插到锚定销顶部凹槽位置，锁定锚定销，如图 2-86 所示。

11. 用力反转防风拉杆，紧固防风拉杆与锚定销的连接，直至防风拉杆固定、受力，如图 2-87、图 2-88 所示。

图2-84
双手端平锚定销

图2-85
插入锚定销孔

图2-86
U型销锁定锚定销

图2-87
用力反转防风拉杆

图2-88
防风拉杆固定、受力

四、 防风锚定的解除

1. 根据公司防台风、抗台风的防风锚定工作程序指令和生产安排，组织人员解除桥吊锚定。人员安排和工具配置同防风锚定时的安排。

2. 防风拉杆捆扎小队负责解开防风拉杆。

3. 防风拉杆抱扣解除小队成员负责将防风拉杆的抱扣复位，拧紧抱扣螺丝，固定防风拉杆，解开桥吊小车锚定，协助工程部进行桥吊试车工作。

五、 防风拉杆归位的具体步骤

1. 两人一组，合力转动防风拉杆，松开防风拉杆与锚定销的连接，如图 2-89 所示。

图 2-89
合力转动防风拉杆

2. 将固定在锚定销上的 U 型销取下，取出连接防风拉杆与锚定板的锚定销，放回锚定销的固定架子内，如图 2-90、图 2-91 所示。

3. 扣住锚定板，两人合力反转防风拉杆，直至两端螺纹全部缩回，如图 2-92 所示。

4. 将锚定板放倒，注意避让坑内飞溅的泥水，如图 2-93、如图 2-94 所示。

图2-90
取下锚定销上的U型销

图2-91
取出锚定销

图 2-92
扣住锚定板，两人合力反转防风拉杆

图2-93
将锚定板放倒

图2-94
避让坑内飞溅的泥水

5. 两人合力盖好锚定坑盖板，如图2-95所示。

图2-95
两人合力盖好锚定坑盖板

6. 把 U 型销插回到防风拉杆上, 通过链条牵制防风拉杆, 不让其自由转动, 将锚定盖板拉手环摁下复位, 如图 2-96 所示。

图 2-96
把 U 型销插回到防风拉杆上

7. 将防风拉杆的抱扣紧固, 旋紧螺帽, 固定防风拉杆, 如图 2-97 所示。

图 2-97
固定防风拉杆

　　至此，桥吊防风拉杆捆与解的一系列工作完成。桥吊防风拉杆的捆扎工作是应对夏季台风袭击、防止桥吊倾覆的一项核心安全工作。一台桥吊由 8 根防风拉杆固定，必须按标准步骤、标准规范操作，确保每一根拉杆受力均衡。

第三章

竺士杰桥吊操作法的特殊应用

第一节

竺士杰桥吊操作法在双起升桥吊中的应用

一、 作业前双吊具上架的对接操作

1. 海侧吊具解锚时，必须注意导向轮脱离斜轨时的吊具是否处于水平位置。如果吊具倾斜太多，容易在脱离时发生排架摇摆、碰撞现象。

2. 在左联动台上将吊具选择旋钮切换到"控制全部吊具"位置。

3. 将两个吊具放置在同一高度，便于桥吊司机观察连接状况，两个吊具连接时的高度是 28 米。

4. 连接前，将两个吊具调整到水平位置。

5. 启动上架油泵按钮。

6. 将右联动台"上架油缸手动控制"开关切换至"全部"位置，将右联动台"连接吊具行程调节"的开关调节向左，使海侧上架油缸至连接零位。左联动台"上架油缸零

位"指示灯会常亮，海侧上架油缸可以通过将右联动台上"上架油缸手动控制"开关切换"左"或"右"的位置来单独动作。

7. 海侧上架油缸至连接零位后，将右联动台上"连接吊具行程调节"开关切换至"伸"，直到海侧上架油缸顶到陆侧上架上的两个锁定机构为止。

8. 按住左联动台上"双吊具连接"按钮，使锁定机构锁住海侧上架的两个油缸。完成后，左联动台上"双吊具连接"指示灯会常亮，表示海、陆两侧的起升连接完成。

9. 其余操作步骤与常规单吊具桥吊操作相同。

二、 双吊具作业的具体操作注意事项

（一） 双吊具连接状态下的工作区间

1. 选择双起升模式，吊具会连接。若要使两个吊具分离，手动操作时要注意让吊具的距离保持在 63.5 厘米左右。吊具距离过大或过小，都会导致分离时吊具之间的碰撞。

2. 在海、陆两侧，吊具可以在集装箱高低差 35 厘米的范围内作业，通过指挥人员进行信息反馈。在高低箱作业（起升高度差）时，如吊具下有 2.9 米高和 2.6 米高两个集装箱，当起升、下降时，一个吊具先着箱，此时系统记录下着箱时的起升高度；再根据 35 厘米高度差，通过 PLC 程序计算起升允许的下降值；起升继续下降，直到另一个吊具着

箱，如集装箱高度差超过 35 厘米，则起升 PLC 程序停止。

3. 当两个吊具之间的距离大于 30 厘米时，允许分离油缸调"八字"。

（二） 双吊具工作模式下两个吊具处在不同高度时的作业注意事项

1. 在双吊具模式下，需要短时间的单吊具操作时，禁止一个吊具在任意位置进行操作，以免造成两个吊具相撞，必要时选择吊舱盖板模式。长时间不操作时，可把海侧吊具提升到上停止位置，并锚定。

2. 当两个吊具不在同一高度而需要连接时，必须把两个吊具调整到同一高度；当两个吊具处于相近位置时，要控制好速度，以免吊具相撞。

（三） 双吊具作业中有别于常规作业的操作要领

1. 作业时，指挥手必须全过程进行指挥。在起吊时，桥吊司机必须在得到指挥手的确认后，明确海、陆两侧两个箱体已完全与锁头脱离，才可加速起升。

2. 卸船时将集装箱装车，要注意箱底与集装箱卡车导向口的位置，防止箱底凿洞。在两辆集装箱卡车停位不平行时，下降操作必须在箱体与集装箱卡车平板接触前作停顿，待调整好两个吊具上左右"八字"油缸的伸缩杆、位置适合装箱后，再下放装车。

3. 在双吊具进夹槽口作业时，如遇到高低槽船型作业，要根据进槽位置变化，吊具进舱口时必须频繁地调整两个吊具间连接油缸的距离，以此来控制两个吊具间的距离。选定两个吊具之间合理的间距进夹槽，尽量减少吊具的碰撞。此时，还必须进行桥吊小车稳钩以及起升操纵杆操作来控制吊具的进舱动作，桥吊司机必须控制好三个操作动作的节奏，在稳钩和调整两个吊具的间距后，再进行吊具下放进舱口的操作。

4. 吊具进入舱内后，在导轨内运行着箱。操作时，必须精确地调整两个吊具连接油缸的距离。如果两个吊具间的油缸伸缩拉杆稍长，就会出现两个吊具在导轨内运行不平的现象，导致吊具在开闭锁时，出现锁头卡在集装箱锁孔内不能转动的现象。

（四） 在双吊具作业中手动调整高度差的操作方法

两个吊具连接后出现高度差，桥吊司机可以在手动模式下对两个吊具的高度进行调整，但必须在双吊具连接状态下进行操作（司机室内双吊具连接信号灯必须亮）。其具体步骤为：

1. 虽然桥吊的编码器高度默认是同一高度，但经过一段时间的作业后，由于受力情况不等，两个吊具连接后的实际高度不在同一水平，桥吊司机可以通过操控陆侧吊具的起升高度，来目测海、陆两侧的两个吊具是否达到同一水平高度。但此时桥吊的起升高度编码器显示数值会有偏差，桥吊司机应以目测的实际高度为准。

2. 桥吊司机同时按住左联动台上的控制旁路和右联动台上的故障复位按钮，进行吊具高低差编码器调整操作，一次即可。桥吊司机可以通过观察司机室里海、陆两侧高度表数值显示起升高度是否一致，来确认吊具高低差编码器调整是否成功。桥吊司机在进行高低差调整时，只允许将两个吊具高低差距调小，严禁调大，否则可能会发生将连接油缸拉杆损坏的危险。除操作两个吊具调整高低差动作外，严禁桥吊司机同时按动左联动台上的控制旁路和右联动台上的故障复位按钮。

三、 双吊具作业结束后，切换为陆侧单吊具作业模式的操作步骤

（一） 上架分离操作

1. 将左联动台上的"陆侧/全部/海侧"开关切换至"全部"位置，按下左联动台上吊具油泵按钮，启动海、陆两侧上架和吊具的油泵。

2. 需要把海侧和陆侧的吊具起升调整到同一高度进行分离，观察海侧、陆侧起升高度显示仪表（或者观看右手旁的触摸屏）。根据显示的高度，通过选择不同的脚踏开关以及移动起升手柄，来调整相应的起升高度，使海侧、陆侧的

吊具停在同一个高度（可与允许的范围偏差8厘米）。

3.检查左联动台上"吊具归零"指示灯是否常亮，保证两个吊具处于零位位置。如果指示灯不亮，就按下"吊具归零"按钮，使两个吊具回到零位位置。

4.按下左联动台上"双吊具分开"按钮，使锁定机构脱开海侧上架两个油缸。完成后，左联动台上"双吊具分开"指示灯会常亮。

5.将右联动台上"上架油缸手动控制"开关切换至"全部"位置；将右联动台上"连接吊具行程调节"开关切换至"缩"，使海侧上架油缸缩到底为止；将右联动台上"连接吊具行程调节"开关向右，使上架油缸到最右侧的休息位为止。"双吊具分开"指示灯会常亮，表示海侧、陆侧的吊具完成分离。

（二）海侧吊具进锚定前的条件

1.海侧吊具缩回20英尺。

2.海侧吊具处于水平位置。

3.海侧吊具接近上极限位置前，需要将上架水平油缸手动调回到休息位，可通过按下左联动台上"上架分离油缸零位"按钮来实现。

（三）海侧吊具进锚定的操作过程

1.吊具上升到上极限位置后，按住"起升锚定旁路"

按钮，并保持住。

2. 脚踩住海侧起升选择脚踏开关，上架上的分离油缸必须先回到左侧休息位置，否则吊具将不能继续上升。如果吊具不处于零位，吊具也将不能继续上升。

3. 起升手柄向上动作后，吊具将自动以2%左右的低速上升。

4. 上架上的导向滑轮碰到导向板后，吊具会被拉成倾斜的，此时吊具的倾转装置会自动地对吊具进行补偿，使吊具一直保持水平状态。

5. 在吊具上架上的导向滑轮即将进锚定孔时，吊具应该是水平状态的。此时，吊具便能顺利进入锚定孔，直至碰到锚定限位后停止，司机室前上方的仪表箱上的"起升锚定"指示灯将常亮。

6. 碰到锚定限位后，联动台上的"吊具锚定"选择开关在"手动"位置时，需要将右联动台上的"起升锚定"开关切换至"锚定"位置来进行锚定。锚定完成后，左联动台上的"上架锚定油缸锚定"指示灯将会常亮，锚定动作结束。

（四）锚定操作过程中的操作注意事项

1. 司机要始终全神贯注地观察整个进锚定的动作过程。

2. 观察吊具在切换至"起升锚定旁路"后，到上架导向滑轮碰到桥吊小车架下锚定装置的倾斜导板前，吊具是否处于水平状态。因为很多时候，编码器虽然已回到零位，但吊具实际上并不处于水平状态。

3. 观察吊具在倾斜导板上是否有倾转装置进行水平补偿的动作。

4. 观察吊具在进入锚定孔前是否处于水平状态。

5. 观察吊具在进入锚定孔后，吊具的四个角是否处于水平状态。

上述动作正确无误完成后，将双吊具桥吊切换为单吊具作业模式。其他操作与常规单吊具桥吊操作相同。

（五）作业结束

作业结束后，司机需将海侧吊具退出锚定位，与陆侧吊具进行连接（具体操作步骤同本章第一节），将两个吊具统一收拢至20英尺，停至28米后方可收起悬臂。

第二节

竺士杰桥吊操作法在新型空箱吊具中的应用

一、 在新型空箱吊具中使用的注意事项

1. 新型空箱吊具是起吊空箱单箱专用吊具，分别可以起吊20英尺、40英尺、45英尺（40英尺吊点着箱）

集装箱。

2. 多路作业同时开工时，使用新型空箱吊具的桥吊卸船作业车道必须安排在第 5—6 车道，第 6 车道的关路下严禁摆放各类销子箱，并且在第 6 车道关路的东、西两侧鞍梁下放置安全岛。

3. 卸船作业时，桥吊司机需使用新型空箱吊具把正、副指挥手带到箱顶进行开锁作业（开锁的相关作业流程参照防坠器使用要求执行）。

二、 在新型空箱吊具作业中的操作要领

1. 逐层卸箱时，桥吊司机必须密切关注门架高度，避免出现门架配重机构与下一层箱顶接触、使下一层集装箱受损的情况，如图 3-1 所示。

2. 在卸船过程中，如吊具的起升高度满足吊箱需求，吊具门架必须放置在最低位进行吊箱作业。

3. 吊具的起升高度达到上极限位置后，如不能满足起吊集装箱所需高度时，就要通过调整门架高度来实现着箱。起吊集装箱后，在放置到集装箱卡车前，必须把门架下放至最低位。

4. 如需通过调整门架高度来实现起吊作业，必须按照陆侧向海侧逐个推进卸船次序，通过上一层、下一层阶梯状卸船模式进行。

图 3-1
桥吊司机应密切关注门架高度

5. 新型空箱吊具采用侧面陆侧两个旋锁完成着箱起吊作业。在吊具完成着箱前，要调整好平衡移动块位置，确保吊具海、陆两侧的平衡。同时要调整好门架机构的垂直度，确保着箱时的平稳度和准确度。

6. 卸船时，吊具完成着箱。着箱灯亮后，桥吊司机开始调整平衡滑块的位置，起吊引关至 10 厘米处后停顿，待平衡块移动至与所吊箱型相匹配的平衡点后，桥吊司机需确认集装箱底部四个锁销已完全与下层箱体脱离，同时得到指挥手确认开锁的指令后，以一挡起升吊具，同时桥吊小车慢速点动后退，完成吊箱过程。

7. 在集装箱放置到集装箱卡车上时，需将箱体放入集装箱卡车平板的导向槽后，桥吊司机需对新型空箱吊具的配重块进行调整。待平衡块恢复到空载的平衡位后，再继续下放吊具，完成着箱后开锁，如图 3-2 所示。

图 3-2
平衡块恢复到空载的平衡位

8. 在新型空箱吊具开锁后、门架脱离集装箱前，必须调整好吊具的平衡状态和门架的垂直状态，慢速平稳地脱离集装箱，再进行下一步作业，如图 3-3 所示。

图 3-3
调整好吊具的状态平衡和门架的垂直状态

9. 对外档一列至三列的集装箱卸箱时，应着箱后再进行解锁。吊起外档二时，箱顶上的正、副指挥手在解开外档二的锁销后，回到上吊架上躲避。待完成外档二卸箱作业，随吊具完成外档一的着箱后，正、副指挥手从吊架上下来，对外档一进行解锁，再回到上吊架上躲避。桥吊司机将箱子吊起，完成卸箱全过程后，再将吊具上的正、副指挥手平稳地下放至码头面。

第三节

竺士杰桥吊操作法在特殊作业中的应用

一、 在特种集装箱作业中的操作要领

在特种集装箱（变形、超高、超宽、大件设备等）作业中，应做到：

1. 凡用钢丝绳吊装的特种集装箱作业，要求有一年以上操作经验的桥吊司机操作。

2. 起吊前，桥吊司机与船上、地面指挥手的对讲机保持畅通有效，服从指挥手指令，并对指令进行重复确认后方可起吊。

3. 起吊前，把吊具开关切换至吊钩挡。吊具下方有人时，必须切断主控电源。

4. 必须密切注意物件周围人员的站位及活动情况，将存在的不安全因素及时向指挥手报告，如发现地面任何人员的停止信号或异常喊叫声，应立即停止操作。

5. 在起吊特种箱作业时，起吊前应了解特种箱的重量、重心。起升时必须做好引关，吊起约 30 厘米时，停顿一下，测试锁具和负荷是否符合要求，确认无误后方可继续起升。要注意桥吊小车的横行速度一般不宜超过 2 挡，停止前做减速稳钩动作，减速要做到平稳顺畅。上集装箱卡车时，要对准位置后再装车，装船作业特别是进夹槽口时，要慢、准。解锁后，吊具慢速起升，仔细观察锁头与箱体的脱离情况，有钩带现象时要立即停止起升。吊横箱作业时，要注意起吊钢丝绳的长度，提醒指挥手最好选用卸扣作业锁紧工具。

6. 进行危险品箱、冷箱作业时，指挥手要督促捆扎工及时收回冷箱电源线，操作司机要放慢起升、下降速度，并确认电源线是否拔插到位。装船时尽量不要做嵌档作业。当进行双箱卸船作业时，如遇到两箱间距较大时，则要把两箱并拢后再放至集装箱卡车上。如危险品箱底部没有支撑横梁，必须用大件平板进行装卸。

二、 当船体发生倾斜时的操作要领

1. 在操作前调平吊具。装卸船时，调吊具的幅度不能跟船走，取船与调平状态的中间值，以能安全顺利吊到船上的箱子并兼顾能吊取到集装箱卡车上的箱子的状态为宜，做到时刻清楚吊具的倾斜状态，如图3-4所示。

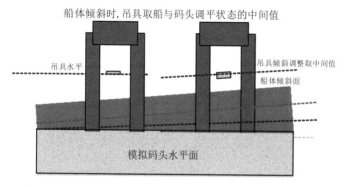

图3-4
吊具平衡调整示意图

2. 在找不到一个合适的倾斜点时，反复调整倾转按钮，做到船与码头两头兼顾。

3. 绝对不允许通过调吊具而不走大车来进行对位吊箱作业（只吊一个箱的情况除外）。

4. 单箱舱内作业时，如遇到40英尺位置所装均是20英尺集装箱，又不能双箱作业的情况，桥吊司机应采用巡回操作法，即该贝（Bay）先卸2层，再到相邻贝卸4层，依次类推，防止钩箱及箱损事故的发生。当船体出现不平衡现象（如船头翘起、船身倾斜等）时，必须合理使用吊具的倾转功能，保持箱体与导轨平行且贴合。在起升、下降过程中，精确配合桥吊小车平台移动，并且根据船体的倾斜状况，选择最佳的桥吊大车停放位置。三者配合找出单箱作业过程中，箱体在导轨内最合理的运行轨迹。尽量避免出现箱体频繁跑出导轨以及卡箱、钩箱的箱损事故，影响作业效率。

三、 在特殊作业环境下的操作要领

1. 大风期间作业时，当风速接近 17 米/秒，操作司机要密切关注吊具并控制电缆，桥吊小车横行行驶速度要放慢，防止吊具同船上设施相碰擦。

2. 小船两路作业时，操作司机要考虑到船舶的稳定性，装、卸船时不能两台同时装、卸一侧。特别是一台正在装卸海侧或陆侧的箱子时，另一台要尽量同其错开，避免同时、同侧装卸作业，防止箱子或吊具由于船体晃动剧烈逃出夹槽导轨，引起不必要的事故。

3. 在部分大船作业时，由于陆侧箱子过高等原因，会引起在特定位置时桥吊司机无法看到作业环境的情况，简称盲区作业。桥吊司机应在作业盲位区域前，主动观察了解作业环境，再进行作业，并且在作业过程中与指挥手保持密切的沟通，以防止意外事故发生。

4. 当卸外档第一只箱子时，桥吊司机需提醒指挥手把捆扎杆、旋锁完全解除，并密切注意起吊情况。同时桥吊司机

引关速度要慢。当装外档第一只箱子时，等箱子就位后，及时提醒指挥手马上捆扎、锁牢。

5. 生活区最后一个贝的悬空箱最底层需逐层解锁，同时应注意：

（1）司机必须做好引关动作。

（2）装船作业时，桥吊大车对位必须准确，装箱必须轻放。

（3）当桥吊卸 82 层的集装箱时，捆扎工不能对 80 层的集装箱进行解锁，只有桥吊卸 80 层的集装箱时才能解锁。

6. 有克令吊船型作业时（一般有克令吊的船普遍存在船体稳性差、仓内夹槽导轨破损等情况，作业时须格外小心），桥吊司机要注意吊具箱子行走的关路是否会同克令吊相碰，并在作业过程中时刻关注潮涨潮落时，船舶位置的变化情况，特别注意开关舱板时对克令吊的避让。在克令吊附近舱位作业时，注意避免起升钢丝绳与克令吊产生钩绊现象。另外要注意箱子、吊具、舱板的高度能否高于克令吊，在作业中要放慢桥吊小车横行速度。当作业位置相邻的一边有自动舱板时，要注意吊具的左右摆动情况。控制好起升速度，防止吊具、箱子同舱板撞击。

7. 如在作业过程中，遇到困难作业或是门头较重、码头集装箱卡车排队、下班交接前等特殊作业情况，桥吊司机应做到沉着冷静、不急不躁，从容、稳定、准确地发挥技术动作，完成作业。不盲目追求高速、推高挡，要深刻理解"欲速则不达"的道理。

8. 如碰到集装箱卡车拖吊具现象，桥吊司机应做到不盲目操作，并及时通知理货员及地面指挥，制止集装箱卡车继续行进。

第 四 节

竺士杰桥吊操作法在困难船型及小型船舶作业中的应用

宁波北仑第三集装箱码头有限公司桥吊的主要功能参数：起升高度有 49 米、46 米、42 米、39 米；吊具下额定起重量 65 吨和 61 吨；悬臂外伸距 70 米、63 米，码头面轨距 35 米，跨距 27 米；适合作业船型 4000 标箱以上大型集装箱远洋干线船，并不适合进行小型集装箱船舶的作业。

一、 小型船舶的结构特点

小型船舶的结构特点：船的载箱量一般在 30~600 标箱范围内。船长在 150 米以下，船宽在 5~9 个箱位内。船型特点一般如下：

1. 船体稳定性差，作业时船体不平（船头翘起、船身左右舷倾斜），缆绳打不死，船体易产生移动。

2. 舱内作业环境复杂（分为有夹槽和无夹槽两种），舱内集装箱摆放不整齐。

3. 舱面锁销不规范，锁销开不到位，作业中容易出现带锁现象。

4. 舱盖板分自行开关和桥吊吊装开关两种（有部分不规范的舱盖板，需要在吊具下装钢丝绳来进行吊装作业）。

二、 在小型船舶舱内作业的操作要领

作业前在条件允许的情况下，上船了解作业环境及船型特点。在作业中与指挥手保持密切沟通，及时了解掌握作业环境。在整个作业过程中，桥吊司机必须始终清楚作业区域内配合作业人员的活动情况及具体站位。

（一） 有夹槽船型舱内的特点及操作要领

1. 有夹槽船型舱内的特点。

夹槽导轨强度不高，常有破损、折断、锈蚀、扭曲变形、导轨尺寸不规则等情况，如图 3-5 所示。

由于船的稳定性不好，易出现船头翘起、船身左右舷倾斜的情况。在作业的过程中易发生以下现象：

（1）吊具进出舱内时与破损的导轨发生钩绊，损坏船舱导轨、吊具、导板等设施，如图 3-6 所示。

图 3-5
夹槽导轨破损示意图

图 3-6
导轨破损导致卡箱示意图

（2）吊具带箱进入舱内，与破损的夹槽产生钩绊后，容易出现吊具带箱卡在舱内导轨中的现象，如图 3-7、图 3-8 所示。

（3）导轨尺寸不规则或导轨扭曲变形，在吊装时箱体容易跑出夹槽，卡在舱内，损坏吊具、箱体。

2. 有夹槽船型舱内的操作要领。

（1）作业时，将被吊箱体吊装到舱内时，尽量做到慢速

图 3-7
导轨破损示意图

图 3-8
导轨破损引起卡箱现象

升降，并且适时合理地调整吊具倾转角度，避开箱角与夹槽导轨破损处产生碰撞、磕绊等情况，避免发生吊具带箱卡在舱内导轨中的事故。

（2）针对船体平衡性差的问题，桥吊司机在吊装船前，应该有一个初步的装船顺序策划。在条件允许的情况下，提前与发箱控制人员及码头理货员进行沟通。最佳的装船顺序是从船头往船尾装。在同一个贝位中的装船顺序是,里外档逐个向中间装。卸船的顺序是从船尾往船头卸,同一贝位的卸船顺序与装船顺序相同。

（3）在单吊装 20 英尺集装箱的作业时,装船遵循从船头装到船尾的顺序。但是,在同一舱内的装船顺序应该先装靠船尾的贝位,并且注意箱门的朝向,箱门必须一致朝向船尾。做完当前贝位后,再装靠船头的贝位时,注意合理适度地调整吊具的左右倾转角度。

（二） 无夹槽船型舱内的特点及操作要领

1. 无夹槽船型舱内的特点。

（1）由于舱内光照不好、锈蚀、舱底环境脏乱等情况,装船作业时,桥吊司机找不准舱底锁销的精确位置,对位装箱视线模糊,并且许多船型的舱内箱位与箱位之间是有缝隙的,导致装船时不能靠着装箱,增加了作业难度,如图 3-9 所示。

（2）船体稳定性差,作业时船体不平（船头翘起、船身左右舷倾斜）,缆绳打不死,船体易产生移动,图 3-10 所示为典型的无夹槽船型自开启直立舱板船型示意图。在吊装过程中,进出舱口、经过船舷边时易发生钩绊吊具的情况,需特别注意。

图 3-9
无夹槽船型舱内环境示意图

图 3-10
自开启直立舱板船型示意图

（3）没有夹槽的船型，一般舱位位置安排得非常紧凑。前后相邻贝位之间挨得较紧，作业时要注意吊具与箱门的钩绊。

2. 无夹槽船型舱内的操作要领。

（1）在作业前，尽量擦干净司机室下视玻璃，并且请指挥手协助，在舱底看不清的锁销上包一张白纸，以达到醒目的效果。图 3-11 所示为无夹槽船型舱内环境示意图。

（2）进出舱口、船舷边时，稳住关，慢速升降，密切关

图 3-11
无夹槽船型舱内环境示意图

注船体的动向。做到垂直进出，不与船舷、舱口擦碰，如图 3-12所示。

图 3-12
自开启直立舱板船型装卸示意图

（3）保持船体平衡，装卸船的顺序与有夹槽船的作业顺序是一样的。如果装的是空箱，从船头开始装，会出现无法将船体压平的情况，此时要把装箱的顺序调整成从船尾装向船头方向，箱门的朝向一致朝向船尾。这样就能避免在装卸箱的过程中，发生吊具与箱门产生钩绊后损坏吊具、箱体等情况。图 3-13 所示为小型船舶空箱装船舱位顺序示意图。

图 3-13
小型船舶空箱装船舱位顺序示意图

三、 小型及困难船型开关舱板的操作要领

舱板开关形式有许多种，大致可以分为船上自行开关与桥吊吊装两种。

1. 船上自行开启的舱板中有一种折叠后竖立在舱口的前后两侧的舱板。在装卸箱的过程中，吊具的行走关路通常都是挨着竖立的舱板，所以当舱板开启前，必须提醒船上指挥手检查舱面上的锁销捆扎杆是否归置合理。特别要注意的是，装在舱板上的第一层固定锁销必须取下来，避免在作业过程中，吊具碰到竖立舱板上的锁销，导致锁销滑落，误伤在舱内作业的装卸工。图 3-14 所示为自开启直立舱板船型装卸过程中舱板锁销位置示意图。

2. 另外两种开启舱板的形式是横向移动舱板和船上自备吊机开关舱板。在作业中，需要耐心等待，待舱板完全开启

图 3-14
自开启直立舱板船型装卸过程中舱板锁销位置示意图

固定后，方可继续作业。

3. 桥吊吊装舱板，在起吊前提醒指挥手检查舱板锁扣是否完全开启，以及舱板上的杂物是否清理干净，避免起吊后杂物从舱板上滑落。起吊时做好起升引关动作。图 3-15 所示为起吊小型船舶舱板。

图 3-15
起吊小型船舶舱板

4. 遇到特殊舱板，需另外连接钢丝绳起吊的情况时，除做好吊舱板前的注意事项外，还需检查钢丝绳锁头与舱板的连接牢固情况。起吊后的起升引关动作必须做得更加充分、仔细，如图3-16所示。

图3-16
特殊作业使用钢丝绳起吊舱板

5. 舱板在码头面的摆放尽量做到整齐一致，便于在关闭舱板时的起吊操作。

6. 在舱面作业时，注意保持船体的稳定性，合理安排装卸船的顺序。卸船时，由于船小，起吊后会出现船身失重、产生剧烈摇晃的现象。做引关动作时，起吊后要有停顿，待船体回落后，再确认旋锁是否完全开启。

7. 装船作业时同样要注意船身受力产生剧烈摇晃的现象。此时的吊具不能急于开锁，必须等船体相对稳定后，吊具着箱指示灯持续亮起后才能开锁。避免在船身晃动时开锁，导致开锁不到位的情况发生。

第四章

竺士杰桥吊操作法的培训应用

　　竺士杰还设计了一套完整的针对掌握竺士杰桥吊操作法的新手桥吊司机岗前培训课程。培训课程内容涵盖理论、模拟和实操三部分，从理念导入开始，在培训导师将基本操作理念讲解明白后，学员带着理论"上机"，通过模拟作业中的各类情况领会操作要点，最后在实际操作中以"一对一"的跟师形式巩固手法，融会贯通竺士杰桥吊操作法的精要。该套岗前培训课程在实际培训过程中，也取得了良好的培训效果。

　　本章从第二节开始为上机模拟操作练习，均以一名学员需要练习的课时为例。

第 一 节

桥吊操作规程培训

一、 培训时间

5 天。

二、 预期目标

1. 通过理论学习，建立初步概念，熟悉桥吊四大工作机构运行原理。

2. 了解桥吊基本操作和吊具稳钩理论知识以及安全常识。

3. 接受理论测试，90 分以上为合格。

三、 培训内容

1. 熟悉司机室按钮手柄、操作步骤及上机注意事项。

2. 熟悉悬臂起伏室和地面桥吊大车行走按钮及操作步骤。

3. 熟悉桥吊防风锚定的工具使用方法及操作步骤。

4. 掌握桥吊四大工作机构的运行原理及相关参数。

5. 掌握作业前、作业中、作业后工作程序的理论知识。

6. 掌握吊具稳钩的理论知识。

7. 学习事故案例以及各项规章制度等。

第二节

桥吊小车稳钩与起升训练

一、 培训时间

12 个小时。

二、 预期目标

1. 掌握桥吊小车加速稳钩和减速稳钩操作的技术要领，做到能熟练地定点对位。

2. 直观认识起升挡位速度。

3. 掌握起升加速、减速的动作要领。

三、 培训内容

1. 海、陆两侧大梁往返对位练习。

2. 判断吊具摆动中的垂直点。

3. 练习稳钩过程中加速稳钩和减速稳钩的操作要领。

4. 熟悉起升挡位与速度比分配情况，正确运用吊具起升、下降以及加速、减速的操作技术要领。

第 三 节

桥吊小车起升联动稳钩训练

一、 培训时间

5 个小时。

二、 预期目标

熟练地对桥吊小车进行联动操作，能初步判断吊具的起升高度。

三、 培训内容

1. 着重练习桥吊小车稳钩，兼顾起升 5 挡的联动操作。

2. 练习吊具的海、陆两侧移动与吊具高度的定点对位。

3. 练习稳钩过程中正确收放导板的技术动作。

4. 练习桥吊小车高速运行中利用延时制动行走进行稳钩的技术动作。

第四节

单箱模拟训练

一、 培训时间
5 个小时。

二、 预期目标
学员能做到熟练地稳钩对位，熟练地着箱及开、闭锁操作。

三、 培训内容
1. 将 20 英尺集装箱放置码头面作业第 5 车道上。

2. 吊具海侧横梁与陆侧横梁稳钩对位。

3. 对放置码头面第 3 车道的 20 英尺集装箱进行对位着箱及开闭锁操作（不吊起箱子），反复练习。

第五节

双箱模拟训练

一、 培训时间
8 个小时。

二、 预期目标

移动桥吊大车稳钩对位，掌握引关、吊箱、叠箱的技术要领。

三、 培训内容

1. 将 2 只 20 英尺集装箱分别固定放置于码头面第 2 车道、陆侧指定线框内，空载移动桥吊大车练习。

2. 空载移动桥吊大车对位，吊装陆侧 20 英尺集装箱，堆放到码头面第 2 车道 20 英尺集装箱上。在不开锁的状态下，吊装 20 英尺集装箱放置于陆侧指定的线框内，并开锁起升。

3. 重复以上动作流程，将码头面第 2 车道的 20 英尺集装箱吊装放置于陆侧 20 英尺集装箱上，反复操作。

第六节

四箱模拟训练

一、 培训时间

18 个小时。

二、 预期目标

1. 熟练地完成桥吊大车移动对位。

2. 合理使用各种组合导板进行吊箱操作。

3. 掌握靠箱操作和嵌档箱操作的技术要领，有能力参加考试。

三、 培训内容

1. 如图 4-1 所示，桥吊大车从第二位置移动至第一位置对位，对准成"品"字形堆放在码头上的 4 个 20 英尺集装箱。

2. 将第二层的 20 英尺集装箱（A1 位）吊装至后大梁码头面空地任意位摆放，不使用导板把中间位的 20 英尺集装箱（B1 位）吊装至"品"字形陆侧 20 英尺集装箱旁（B2位），完成靠箱技术动作的练习，确保陆侧 20 英尺集装箱（B2 位）不移动。

3. 使用 4 个导板吊起在后大梁码头面摆放的原 A1 位箱子，嵌入"品"字形的两个 20 英尺集装箱之间（原 B1 位）摆放，完成嵌档箱操作的技术要领。

4. 使用陆侧 2 个导板起吊最陆侧的（B2 位）20 英尺集装箱，吊装叠放在嵌档位置（B1 位）的 20 英尺集装箱上（A1 位）。

5. 恢复成"品"字形，反复练习。

6. 根据练习的熟练程度，更换成 40 英尺集装箱进行练习。

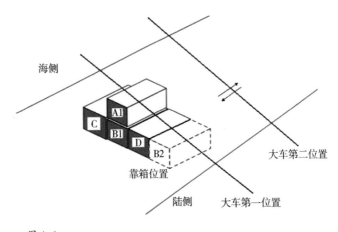

图 4-1
实操训练操作流程图

第七节

考前练习

一、 培训时间

2个小时。

二、 预期目标

1. 端正学员心态，树立安全上岗意识，通过上岗证测试。

2. 树立安全操作的理念，正确理解"稳、准、快"的含义。

三、 培训内容

1. 准备上岗证测试的各项练习，进一步巩固操作技能。

2. 集中学习事故案例，了解影响安全操作的 7 个心态。

3. 端正心态，树立良好的安全意识，确保学员顺利通过上岗测试。

4. 做好倒班培训的各项准备工作。

第八节

"一对一" 跟班作业

一、 培训时间

根据实际情况确定培训时间。

二、 预期目标

通过实际操作，掌握桥吊作业的全过程，能应对各类突发情况。

三、 培训内容

1. 熟悉实际操作中的安全注意事项，了解各种船型。

2. 熟悉装卸船过程中桥吊作业的实际流程。

3. 熟悉不同机型桥吊的各大机构、限位在操作上的差异。

4. 能对桥吊小故障进行确认与排除。

5. 根据不同船型与船体倾斜情况，学习倾转机构的使用。

附 录

竺士杰桥吊操作法
基本操作三字诀

作业前

上机前　先检查

查环境　清障碍

查外观　辨缺陷

取铁鞋　要点清

提锚定　销到位

操作台　灯完好

查吊具　无变形

查限位　试正常

放悬臂　莫盲目

看缆绳　移大车

灯正常　钢绳齐

看挂钩　是否离

选自动　臂放平

作业中

系上带　合主控

心从容　眼四观

轻操作　两头慢

有异常　即报告

八不吊　记心中

走大车　需监护

指挥手　明距离

理货员　查障碍

鸣警笛　盯周围

等关时　需注意

空载时　超十米

重载时　梁上等

车道上　不停留

不超过　十六米

双箱吊　要分清

中间锁　要打开

用导板　需悬空

离箱车　过两米

船上方　禁动作

吊双箱　明重量

有偏离　调重心

入槽轨　须谨慎

调间距　防卡槽

吊舱板　要监护

清关路　除杂物

引关稳　低速行

至后梁　做稳钩

防晃动　防碰撞

上下板　堆平整

用吊具　运送人

每一次　限两人

系好带　慢引关

门框式　低速行

抛物线　不允许

进出槽　是重点

作业前　查槽轨

有杂物　要清除

有破损　要报告

进出槽　须低速

调倾角　防卡槽

作业后

作业完　收吊具

二十呎　廿八米

收悬臂　移大车

断主控　关门窗

放锚定　穿铁鞋

填日志　交接班

防风锚定

锚定前　做准备

桥吊回　指定位

人分组　工具备

升吊具　停止位

锚小车　门窗关

解抱扣　紧拉杆

插 U 锁　全到位

责任书　签上名

解锚定　程序反